空中庭院
花园住宅的设计及实践

姜传銤　著

中国建筑工业出版社

前　言
PREFACE

　　我国是一个人口大国，各种资源的人均占有量处于较低水平，土地作为一种稀缺资源，其本身具有不可再生的特点，更是加大了住宅用地的紧张趋势，拥有带花园的传统低层住宅已经成为大多数人的奢望。然而作为一种文化和审美，我们依然迷恋往昔的宅院，痴迷其间的花园。哪怕身居高楼、盈尺之地也不忘侍弄花花草草。笔者1997年曾以"绿宅"为题的设计方案参加了建设部（今住房和城乡建设部）主办的"迈向二十一世纪的中国住宅"全国设计竞赛，该方案以层层跌落的建筑形态和家家拥有一个花园的理念有幸在浙江省和全国获奖，并被评委在《建筑学报》（1991.06）点评："作者从提高住宅的舒适度出发，特别重视室外景观、内院景观，采用层层退跌的办法，创造空中花园"。正是这次方案设计竞赛给了笔者很多启迪，让笔者深深感受到花园住宅的意义和设计的不易，也促使笔者进入更深层面的思考。

　　在有限的土地上，如何将空中花园与多层、高层住宅建筑相结合，特别是与高层住宅相结合，建造出高品质的住宅以改善人居条件、提高人居质量是我们面临的重要问题，也是针对目前中国的居住环境进行探索的意义所在。

　　本书基于对我国居住问题的复杂性和多样性的考虑，对我国目前的花园住宅建设进行了梳理、分析。阐述了多、高层住宅实施空中花园的类型、设计、影响因素、技术措施等问题，并提出应对的策略，希望对今后的花园住宅设计和建设有所裨益。

　　建筑设计一事本就技术和理念交织，很多情况与文字难以表白，故本书在篇章材料组织上，避免纯文字理论的介绍，而是结合理论与设计案例；在视野上，兼顾国内、国外的理论和案例；在案例选择上，对照实际工程和概念方案。通过图文结合，力求体现花园住宅的国内外的发展现状和住宅生态化的未来。

　　本书力图以一种融合与平和的心态，阐明花园住宅的关键在于户内花园也即空中庭院的设计。空中庭院其实是一个新花园类别，它拥有地面花园具备的部分特点，同时由于地处空中，从某种程度上来说更具独特魅力，令人倍感舒适和惬意。它不仅是地面花园的替代品，称之为一种具有地面花园特点和特殊体验感的新花园类别也不为过。其量多、面广的特点之于社会的意义在于生态，之于住户的意义则是功用和社会心理的满足；其次，空中花园并非只是大面积豪宅的标签，小面积住宅照样可以家家拥有空中庭院。国内外的案例说明只要方法得当，更多的人可以实现家家拥有一个花园的梦想，中外皆然。

本书既有同行前辈和专家的理论及实践经验介绍，也有笔者作为职业建筑师的长期思考心得和实践总结，包括工程设计、概念方案、专利作品，不揣冒昧结集成书的原本用意，是为花园住宅设计的同行有所裨益，但囿于笔者的视野和水平，难免有疏漏、不足之处，敬请读者谅解。

本书在写作时参阅、引用了大量各领域专家的专著、论文、媒体文章，笔者虽然尽量将参考资料一一注明，但难保挂一漏万。在此，对这些专家的真知灼见致以衷心的感谢！

感谢中国联合工程公司的各级领导和同事孙玮在课题研究、写作、资料上给予的支持和帮助，也感谢前同事张烈在课题研究上的贡献。

目　录
CONTENTS

花园住宅的发展与现实意义

1

1.1 花园式多层、高层住宅出现的背景

城市的发展使得传统的庭院式低层住宅形式逐渐演变为多层、高层的住宅形式，这使人们的生活模式逐渐远离了传统的、与自然共生的院落居住形态。然而，向往自然乃是人类的天性，在人口密集的城市中拥有一套带有花园的住宅，更是现代城市人追求的居住目标和生活理想。但中国人多地少的国情决定了独立式住宅、双拼式住宅或联排式住宅等具有独立花园的住宅只能少量建设，一般也只在城郊地带兴建，只能作为少数高收入阶层的居所。从社会大众的角度来看，大多数人无法通过这种低密度的住宅形式来实现花园住宅的梦想。因此，从理论上，如何在中国大量建设的多层、高层集合住宅中创造花园住宅，从而帮助更多的人实现这种花园住宅的理想，是一个具有现实意义的命题。在实践上，自从住宅商品化改革以后，在全国各地出现了一些具有空中花园形态的多层、高层住宅。

1.2 花园住宅的概念

1.2.1 多层、高层住宅的基本概念

《民用建筑设计通则》[①]将住宅建筑按层数划分为：低层住宅 1～3 层；多层住宅 4～6 层；中高层住宅 7～9 层；10 层及以上为高层住宅。

低层、多层、中高层住宅和高层住宅是宏观意义上不同发展阶段的居民住宅类型，它们之间相互联系、相互影响。在我国的现实条件下，中高层住宅、高层住宅是目前解决人居问题的较为合适的选择。但是，中高层住宅特别是高层住宅，内容构成复杂，外部形象尺度较大，形态相对复杂，结构设计难度较大。

由于低层住宅、多层住宅离开地面不高，设置空中花园的先天条件较好，设计相对容易。因此将高层住宅作为研究对象，阐释其内在的特征和规律，探讨在高层住宅的平台上如何提高居住质量，满足人们对居住环境的要求，有较强的合理性和必要性。其研究成果同样对其他类型的住宅建筑设计也具有指导意义。

虽然多层住宅和高层住宅在工程设计技术和建设技术上区别较大，但作为空中花园的建筑载体，其功用和意义是基本接近的。本书的研究对象侧重于以电梯为主要交通方式的住宅建筑，一般是 7 层以上的住宅建筑，为方便起见，将其统称住宅，不再区分多层住宅和高层住宅。

---

① GB 50352-2005，民用建筑设计通则［S］.

1.2.2 花园住宅的基本概念

"空中花园"这个名词，最初是指在巴比伦城的空中花园，是新巴比伦国王尼布甲尼撒二世为王妃修建的，被称为"古代七大奇迹之一"①（图1-1）。公元前2世纪的西顿作家安提帕斯在他的作品中对此园有详尽的描述：花园的平面长宽均约为100英尺（30.48米），外观是呈阶梯状的平台，逐层加高，平台下方用拱顶支撑花园的荷载；在平台的四周种植花草树木，远远望去，整个花园就好像是悬在空中，因此被称为 Hanging Garden（空中花园）[1]。

图1-1 古巴比伦空中花园想象图（图片来源：张祖刚《世界园林发展概论》）

20世纪中后期出现了相当数量、明显具有生态建筑学设计倾向的"空中花园"的设计实例（其中有许多被收入高技派作品），并涌现了一批蜚声国际的著名建筑师。如诺曼·福斯特（Norman Foster），伦佐·皮阿诺（Renzo Piano），约尔达和佩劳丁（Jour da & Perraudin）以及景观专业出身的建筑师像凯文·罗奇（Kevin Roche），还有再生或替代材料应用方面的专家约翰逊（John son）、安特伦纳尔（Unterrainer）、阿坦戈（Atergo）等。

在现代建筑出现、发展和流行的过程中，最早提出类似"空中花园"概念的当属20世纪法国建筑大师勒·柯布西耶。他在1922年的"Maison Citrohn"概念性住宅（也称"雪铁罗翰住宅"）设计中提出了"房顶不但是平顶结构，而且设计为屋顶平台作为天台花园，供居住者休闲用"的全新理论。

1922年，柯布西耶设计了"别墅大厦"。这是一栋5层的大楼，楼里面设计了100所可供出租的别墅，每栋别墅都是两层并在其同层并列开间的位置拥有自己独立的花园。一个旅馆式的机构管理着全楼的公共服务。屋顶有一间公共的交谊大厅供住户使用，并有

① 张祖刚. 世界园林发展概论 [M]. 北京：中国建筑工业出版社，2003.

一个大运动场和跑道。院子里、花园里的路旁满是花草树木；每一层楼的阳台花园里都种植有常青藤和花卉。虽然这栋建筑是以"标准化"的生产和建造模式著称于建筑界，但是其中天才的"空中花园"设计手法对后来的建筑师却有着深远的影响。[①]

20世纪中后期，马来西亚建筑师杨经文对城市建筑的生态问题进行了持续的思考和研究，他认为生物气候优先和低耗节能必须作为原则指导建筑设计，合理运用并发展"空中花园"的设计理念，在建筑的生态效能上取得了良好的效果。同时，随着"生态建筑""绿色建筑"等理论在世界范围内的兴起，国内的建筑师结合传统阳台空间，尝试创作出一些具有"空中花园"的住宅设计，运用于多层、高层住宅设计之中。在大趋势的影响下，建筑师们在住宅设计领域中也创造出一些新的作品，将"空中花园"的范围扩大到公共走廊、公共平台、屋顶天台等，不断扩大绿化面积，增加公共场所，试图为住宅的每个居民提供更良好的居住环境。

1.3 花园住宅的发展

20世纪90年代中后期，高层住宅在人口密集的大、中型城市逐步取代了多层住宅，逐渐发展成为主要的住宅形式，由此人们的生活起居越来越远离了传统的地面生活形态，住宅中的花园空间渐渐从我们的生活中消失。另一方面，我国的居住情况比较复杂：一是历史上居住遗留问题还没有解决完毕，又有大批务工人员进城，加剧了居住问题的解决难度；二是快速新建的住宅区囿于条件，本身对环境和住宅的标准关注不够；三是高速发展的经济造就了一批先富者，他们对住宅有更高的要求。因此，我国住宅的建设也必然会呈现多样化的格局。

正是由于这种居住的复杂性，在现代城市生活中，由于各类的原因，我们中的大部分人必须整日面对水泥钢筋的建筑森林，进而使我们产生厌倦。于是人们开始反思：现代生活是否该找回花园？在城市高密度的居住条件下，有无必要并且是否可能重新引入花园？进一步地，能否将绿色引入高层住宅之中创造出类地面的庭院式居住环境，为居住者提供接近自然的机会，从而在一定程度上实现居住者内心深处那种固有的花园生活理想？这种现实的窘境促使人们重新思考当前的住宅设计和建设模式，并进行新的实验与探索。作为对多层、高层住宅居民对提高居住水平以及加强环境的回应，实施空中花园设计即是满足住户对阳光、绿化和居住水平提高的需要，可使身处高空居住环境的人们更加容易接触到类似地面花园的自然环境。

---

① 邱强. 高层住宅中的空中花园. 四川建筑，2010（06）：49-50.

1.4 花园住宅的现实意义

　　引入多层、高层住宅实施空中花园设计，它的目的很可能仅是一种生活形式的回归，但它的意义却是一种基于现实居住条件的创新。可能产生的现实意义有以下几点：（1）改善住宅的通风采光条件，特别适用于炎热多雨的南方地区；（2）改善居住区的生态景观环境，提高绿化率，为在高楼的人们提供一种类似全天候接触自然、亲近自然的体验；（3）在传统住宅、沉闷的室内空间中添加了具有一定灵性的花园空间，丰富了室内、室外空间个性；（4）更为重要的一点是，在社会压力巨大的今天，多层、高层住宅内部的花园空间为人们提供了最直接的缓解工作压力、陶冶情操的生活居所；（5）空中花园的出现也并非仅是因为人多地少的原因，而是其本身相比较于地面花园具有独特的个性和魅力。

2

花园住宅的
基本情况

2.1 花园住宅的现状

从目前的状况来看，住宅实施空中花园设计主要是在以往经典的住宅形式中加以改进而成的。如一梯两户板式高层、一梯多户塔式高层等，其中扩大阳台成为营造空中花园的主要手段（图2-1），也有结合天井式（院落式）平面布局以及倾斜的剖面设计，巧妙地运用台阶式设计手法将高层住宅的阳台处理成层层退台式，使每户都带有一个半露天的花园阳台，底层内院四角开敞，形成环境优美的邻里活动空间。

目前花园式住宅对空中花园基本类型的运用程度不一，或单独或联合应用，总体上特色不够明显。

图 2-1　花园住宅（图片来源：作者拍摄）

对于一名建筑师来说，高层住宅实施空中花园设计是一个比较新的领域，缺乏相关技术支持以及成熟的经验，具有一定的设计难度。对这个领域存在的问题，需要一个理性的分析。

1. 创造以花园空间为核心及丰富多变的空间，为人们提供最直接的缓解工作压力、陶冶情操的生活居所的目标与现有住宅的通风采光条件相对单一、层高较低等条件有一定的距离。

2. 现有的规范条文将房屋结构范围内标注阳台、空中花园、入户花园等建筑空间均按阳台计算建筑面积或超过一定面积后按全面积计算，对空中花园大小和形式设计起到很大的制约作用。

3. 自然环境因素对花园住宅的设计与建造起决定性作用，比如阳光、风、雨、雪这些自然现象，一旦作用在建造具有特殊位置的空中花园时，其影响有很大的不同。

4. 空中花园建造在高层建筑内，植物生长需要的土壤、阳光、水分等生态环境受到限制，故可供选择的植物范围较窄，景观设计势必受到局限。

5. 建筑物的增加荷载会增加建设费用，因此空中花园中的土壤、植物及相应建材的重量受到严格的限制。

6. 空中花园中植物的浇灌、排水、防风、防水及冬天寒冷地区的防冻等都需要得到有效的解决。

2.2 空中花园的基本类型

城市中结合空中花园、创造良好的居住环境的空中花园住宅，近二十年来在全国各地均有一些探索，但对空中花园概念的运用程度不一，究其花园类型，大约有以下五种类型。

1. 底层架空花园

将把高层住宅的底层部分或全部空间去掉其正常的围合限定，使之成为通透、延续的花园空间，虽然从标高而言，还是属于地面花园的范畴，但其范围已在建筑之中，特性已然与地面花园迥异，虽然不够严谨，但也有将其纳入空中花园之列的。

2. 层间花园

层间花园是从组团绿地到住户门前的环节，它是具有公共交往功能的过渡空间。

3. 入户过渡花园

在入户门与客厅门之间设置一个类似玄关的花园门厅，起到入户门与客厅的连接过渡作用，将客厅与外界进行一定的阻隔，使客厅不与外界直接接触，增加了家庭的私密性，同时丰富了室内的空间格局，营造出家庭温馨浪漫的氛围。

4. 户内花园

通过单数楼层和双数楼层阳台的错位设计，高层花园住宅的每一户均设置了挑空花园阳台；或跃层式住宅将居室沿垂直方向展开；或平层住宅在水平方向结合大尺度花园阳台，实现户户享受花园的设计初衷。

5. 屋顶花园

利用住宅屋顶的面积覆土种植花草树木，形成屋顶庭院，是园林建设的形式之一，也是建筑向自然空间的渗透。

依据花园空间属性及空间围合特征的不同，可分为公共花园、半公共花园、半私密花园、私密花园等四类花园。

公共花园：底层架空花园与屋顶花园作为最外一层的中介空间，具有较好的连接传承作用，使居民和活动在私密与公共空间回旋时更加轻松自如，从而实现多层次空间的自然过渡。

半公共花园：层间花园是从组团绿地到住户门前的环节，它是具有交往功能的过渡空间。

半私密花园：入户花园的设置使从公共交通空间到家庭起居空间有了一个过渡空间，增加了居民从公共空间到私密空间的空间感受，改变了传统的厅式住宅"开门见厅"的设计模式。

私密花园：户内花园设置是为了实现人们将花园引入普通住宅的梦想，形成真正的立体园林生活。空中花园让人们过去的"庭院情结"在空中得以延伸。无论是一层的住户，还是高楼层住户，都将享受到私家花园般的生活。

户内花园，称其为空中庭院更合适，它更多地倾注了国人的情感因素。就设计难度而言，空中庭院的设计最具有挑战性，它不仅牵涉每个住户的使用爱好、住宅功能的再组织设计，也因为它量大且涉及整个大楼的形象。本书空中花园以高层住宅为主要研究对象，特别侧重空中庭院的研究，这是因为户内花园的研究更接近满足传统中国人对花园的渴望和追求，只有户内花园设计到位，住户才能在生活中体验到空中庭院长期、持续的功用和人文情怀。

花园住宅发展的内在机制和使用功能具有共性特征。以此为基础，我们总结出花园住宅的五种基本构成模式：底层架空花园、层间花园、入户过渡花园、户内花园、屋顶花园。这五种基本构成模式在花园住宅中具有一定的本源性意义，具有典型性和抽象性。然而，由于花园住宅的多层次复合特征，现实中的花园住宅多是单一或几种基本构成模式的复合而呈现出多样化的形态特征。随着社会的发展和科技的进步，花园住宅的发展也将由水平方向的生长向垂直方向的生长过渡，如果住宅中每户拥有空中庭院（户内花园），同时住宅大楼又设计有底层架空花园、层间花园、屋顶花园等空中花园，住宅将呈现多维花园空间复合的形态。

2.3 住宅实施空中花园设计的基本原则

2.3.1 环境优先原则

首先，住宅实施空中花园设计的环境优先原则是指在居住区设计中充分考虑所在地的自然生态环境，并运用生态学及建筑技术科学原理，合理地安排组织花园住宅与其相关因素之间的关系。将住宅视为大的生态环境中的一分子，从节约土地、选择适宜的材料和能源的角度，以及通过合理的构造手段提高住宅的保温隔热性能等方式使花园住宅以环境友好的姿态与环境成为一个有机的整体。

其次，环境优先原则要求住宅既要为住户创造一个舒适的小环境，又要保护周边的大环境。通过入户花园、垂直绿化、屋顶绿化等形式大面积种植达到改善小气候的作用。具体来说，小环境的创造针对住户的居住需求，包括适宜的温度、湿度、清洁的空气，良好的声、光、热环境以及可灵活划分的开敞空间等。而对大环境的保护，则着眼于从住宅建造、使用直至终结的全过程，主要反映出对自然的索取及对自然的负面影响都要小[2]。

环境优先原则在花园住宅中体现出来的基本手法有：利用太阳能、风能等可再生能源；注重自然采光、通风；注重保温隔热。

2.3.2 整体性原则

整体性原则指的是注重事物整体的结构关系，考虑各元素的相互关系，目的是使整体保持平衡，而非解决个别部分。

住宅实施空中花园设计的整体设计思想，应理解为把花园空间这一元素与住宅当作一个具有内在联系的系统，在功能、虚体空间、实体建筑、活动与生态环境等方面综合考虑，其本身是完整统一并维持着一种系统的动态平衡。具体来说，设计者不能使住宅实施空中花园设计孤立于空间的平面抽象构图，而应整体结合当地气候、文化及经济等各方面因素进行综合考虑。当然，这种整体化原则并不等于无条件地服从和摒弃各自的个体功能特征，而是以为住户提供最舒适的居住体验为前提进行适宜、合理的设计。

2.3.3 健康舒适原则

人所需要的住宅空间环境，不仅是可识别和多样的，而且还应是尽可能合乎人们全部期望的环境。从人的生理约定、行为约定、习俗约定等角度来体现对人的尊重，这里统称为环境与人的健康舒适原则。

相应地，健康舒适原则就要求花园住宅必须体现对行为的支持，与文化的关联，对习俗的尊重。当建筑形式、尺度合乎人的生理特点时，人们就会产生本能的适应和理解，这就契合了人的生理约定，如人体尺度、心律呼吸和步行节律等方面，利用这种约定进行变通，就可以创造出人们所需要的亲切气氛。人使用空间有一定的固有方式，这主要是人的本能和习俗的一种约定，如领域要求、私密性要求、人际距离以及周边行走和依靠性等。因此，一个为人设计的空间界面应该以人的行为为基本出发点，使人们在一系列韵律、节奏、速度和力量之间，传达出人体活动的经验和感受[3]。

住宅实施空中花园设计的舒适性首先要求设计基于住户的使用需求，从微观上的空间尺度、材质界面、温度湿度等角度创造宜人的环境氛围。其次，从当地文脉出发，对传承下来的空间结构、建筑形式等予以尊重和表达，以支撑行为经验的发生产生归属感和认同

图2-2　空中花园（图片来源：http://www.archdaily.cn/cn/790248/feng-yu-kong-zhong-bie-shu-penda）

感；同时习俗约定是人类历史传承积淀的一种社会文化关系，住宅应为当地居民特有的生活习俗提供相应的活动承载空间，尤其针对户外公共活动对花园的空间关系进行充分研究。再次，针对不同类型的花园设计在充分调研的基础上，选择适宜生长的植物物种合理搭配，根据相应场所住户的活动需求配置植物或小品，满足住户在不同使用条件下的舒适度（图2-2）。

2.3.4　安全性原则

住宅空中花园的安全问题包含两个方面。①空中花园植物坠落对他人的影响。由于空中花园中的植栽根系较浅，而空中的风力远大于地面，在特殊气象条件下很容易坠落。即使是植物的果子类坠落也由于高空的缘故危害性不容小觑。因此一方面空中花园的防坠落措施非常重要，同时在住宅总平面设计上应该确保人员不能进入建筑物周边，可以在一定范围内采取密植灌木等措施使人不能接近建筑物，进出口应结合防雨、防火等功能做好防坠落棚架设计措施。②空中花园植物对住户的影响。一般人们不太会意识到植物会对住户有损害。也由于空中花园中的植栽根系较浅，较密地植栽在风力大处，特别是遇到像暴风雨或台风等特殊天气时，植物会很容易向内倾覆而损毁门窗。

3

空中花园的
设计与营造

3.1 各类空中花园的设计

花园住宅是指城市中拥有优美的居住环境，有室外花园、屋顶花园、层间花园、入户花园、户内花园的多层、高层住宅。通过设计住宅底层架空花园及应用，可以改善当前住宅区开放空间匮乏的状况；通过公共交通空间、梯间平台空间等的探寻使层间花园成为一处富有生命力的交往场所；入户花园的设置使从公共交通空间到家庭起居空间有了一个过渡空间，增加了居民从公共空间到私密空间的空间感受，改变了传统的厅式住宅"开门见厅"的生活模式；户内花园的引入，使住宅平面布局不再以厅为唯一中心的设计模式，也改变了传统的"厅出阳台"或"房出阳台"的布局。这种住宅设计思想的改变适应了人们起居生活模式的变化、环境意识的日益提高和追求更多接触自然的需求；屋顶花园的安排，进一步加强了多层、高层花园住宅向自然空间的渗透。

住宅空中花园的出现，要占用一定的建筑面积，同时也会增加一定的造价。所以在提升住宅品质的同时，也需付出一定的代价，投入与产出的平衡永远是一个需要精准把握的问题，这也是空中花园并没有出现在所有住宅建筑中的原因。

3.1.1 底层架空花园

底层架空层指建筑物中仅以结构体作为支撑、无外墙围合（围护结构）的敞开空间层。一般底层架空部位为休息空间、通道、水域或斜坡等。很多地方政府规定，只要架空层作为公共开放空间的，其建筑面积不计入容积率，这也是众多开发商将底层架空花园作为住宅营销卖点广泛采用的原因。[①]（图 3-1）

底层架空花园设计，一般是把建筑物（单体或多幢）的底层（或可能通高数层）的部分或全部空间，去掉其正常的围合限定（如墙、窗等），使之成为通透、延续的空间，常表现为支柱层的空间形式，有的可为大面积的无柱空间，是有"顶"而无围护的空间。一般不用于具体的功能，而是引入绿化、休息设施等作为人们公共活动空间。

排除内外之间、自然与建筑之间双重约束的领域，促进高层住宅内部与外部之间的相互渗透，这是底层架空花园和其他高层住宅花园显著的不同之处，是具有特殊魅力的空间形式。

在具体设计上，底层架空花园内可引入绿化、水体、小品及座椅、灯柱、招牌等设施，使人即使置身于架空空间内，也仿佛漫步于室外的大自然中，既有室内宜人的家居气氛，又具有室外亲近自然的亲切感。底层架空花园设计应注意架空空间的尺度，层高太

---

① 香港日瀚国际文化有限公司. 深圳特色楼盘 2003 [M]. 天津：天津大学出版社，2003.

图 3-1　底层架空园（图片来源：香港日瀚国际文化有限公司. 深圳特色楼盘 2003［M］. 天津大学出版社）

高，易显得空旷、不够亲切，层高太低，易造成压迫感，一般以 3.0～4.5 米为宜；底层架空花园设计应有环境意识，注重细部设计，营造出亲切的气氛，不应成为管线集中的地方或杂务堆放场；底层架空花园设计应注意植物的配置和选择，宜耐阴、少虫害、易成活；设计应注意架空层的标高设计一般以 0.1～0.3 米为宜，室内外区域应有良好的过渡，避免生硬。

一般而言，住宅区公共空间的开放程度越高，就越受市民欢迎。底层架空花园的开放程度较高，则越受小区居民的欢迎。当前社会信息化趋势日益明显，底层架空花园应在住宅小区中增加公共开放空间的趋势。

底层架空花园设计的应用有明显的地域气候条件。南方亚热带、热带地区为典型的湿热气候，架空设计的应用有得天独厚的地域条件。架空空间留出的阴影空间，一方面可遮阳避雨、提供适于交往的公共开放空间；另一方面，丰富建筑景观层次，造型虚实对比强烈，形成南方地区建筑通透、轻巧的风格。底层架空花园作为花园住宅公共开放空间，在我国南方亚热带、热带地区已广泛应用，但应用上受到一些限制。这些限制在于结构技术方面和增加的建筑造价。

综上所述，底层架空花园是花园住宅开放空间的重要组成部分，是"私"有住宅中的"公"有空间。通过住宅底层架空花园设计及应用分析，引起人们重视和关注自然环境，改善当前住宅区开放空间匮乏的状况。只要处理得当，城市住宅区内将会充满各具特色的架空花园，并和城市广场、绿地、公园等公共空间一起，形成一个层次丰富、各尽其能的花园住宅空间系统。

3.1.2　层间花园

层间花园是从底层架空花园到入户前的环节，它是具有交往功能的过渡空间，是一处富有生命力的交往空间。层间花园提供了一种较好的家居生活空间，通过打破原有封闭的居住模式，使居家生活适度外延，并通过竖向交通的积极引导，使邻里之间的交往可以不受阻碍、自然而然地发生。

现有的高层住宅设计要满足高层民用建筑设计防火规范的要求，在住宅核心筒电梯与消防楼梯间必须安排合理的疏散通道，这就使层间花园的设置成为可能。

层间花园为邻里之间提供的是在生活中"自然地交往"的空间，人们在开敞的院子里游憩、锻炼、观看，展示自己的兴趣爱好，形成了人、空间、活动三者的互动。这种交往是在非常随意、自然的状态下获得的，它富有生活气息和浓浓的人情味，使人充分享受到交往所带来的愉悦感，是一种深层次的、主动的、自然的交往[11]。而在封闭的城市住宅楼梯间里，由于缺少居家生活氛围，人们匆匆碰面时仅出于礼节性地点头或致以问候，偶尔交谈也常常由于缺少谈资而无法深入。这种交往的质量一般不高，是一种浅层次的、被动的、非自然的交往，邻里之间往往仅限于认识而非熟识，更无法达到老街坊之间的那种邻里亲情。随着经济的发展、城市化进程的加速、城市土地日益金贵，低层水平展开的居住模式已成为过去，大量在建的城市住宅只能采取竖向集中的居住模式。我们现在要思考的应该是，如何延续那富有魅力和浓浓人情味的交往空间，使其在今日的城市高层住宅里获得新生。

1. 中庭式的公共交通空间

在多层、高层住宅建筑中，公用的入口、门厅被有意识地布置在采光充分的位置，使这个有着最大采光面积的开敞场所，如同一个有玻璃顶的街道，竖向部分由许多天桥联系着各户入口，形成人看人的室内场所，已达到促进人们交往的目的[12]。这种处理方式可以起到一定的交流作用和视觉上的互动，但由于居家的生活气息未被延伸出来，人们在此不会逗留较长时间，邻里间的交往仅仅是半公共性的。

2. 可休憩的梯间、走道平台空间

在多层、高层住宅建筑中，将楼梯、电梯间、走道采用露明设计，并结合走道、楼

图 3-2 层间花园

梯、电梯间平台布置交往空间，采用大面积的采光窗，以扩大视野形成好的景致，塑造便于停留、尺度适宜、气氛宜人的交往场所。

　　楼梯间、走道布置在户外，对每户居民的前院和组团绿地敞开。通过前院领域与交通领域的相互渗透，直接在每户人家的前面创造了户外停留的良好条件。楼梯、走道在这里的作用不仅是使不同层的居民们交流与相聚，更是使居民们的户外活动能自由地流向组团院落（图 3-2）。

3.1.3 入户花园

　　多层住宅的楼梯或一梯二户高层住宅结合各层住户入口设计，将传统住宅楼梯平台或电梯厅至户门间的连廊或阳台加强，形成入户花园，使那些原来在自己房内从事的活动，移至户前过渡的花园中；高层住宅特别是一梯三户以上的住宅，部分住户的入口面向连廊开敞，因而在各层可以形成拥有生活气息的花园，以吸引人们驻足，增加邻居在楼梯入口处的停留，在住户入口处空间适当加以放大，可以自然而然地设计出入户过渡花园。

　　从入户花园的空间属性上来分，可以分为内入户花园和外入户花园两类。内入户花园指的是入户花园在入户门内；外入户花园指的是入户花园在入户门之外。一般来说，一梯二户的住宅较易于设置内入户花园；连廊式住宅较为适合设置外入户花园。

　　外入户花园的入户绿地由连廊划分与界定，形成清楚划分的共有空间。廊在这里既是交通要素和交流场所，又起到相邻空间过渡与融合的作用。它不会生硬地阻碍与外界的接触，而是提供良好的视线联系。这个由连廊围合而成的廊院，尽量把所有的出入口都吸纳了进来，既可停留和观察，又不会处于众目睽睽之中，既提供防护，又有良好的视野。

图 3-3　入户花园

　　内入户花园一般处于入户门与客厅门之间，是一个类似玄关的花园门厅，起到入户门与客厅的连接过渡作用，将客厅与外界进行一定的阻隔，使客厅不与外界直接接触，增加了家庭的私密性，同时丰富了室内的空间格局，营造出家庭温馨浪漫的氛围。当你打开家门，展现在面前的不再是一览无余的客厅与卧室，而是绿意盎然的花园。住户可在入户花园门厅内摆放一些绿色植物和休闲物品。在这块绿色空间里，除可以尽情放松、愉悦外，还可以起到厨房或卫生间的通风作用（图 3-3）。因此，只要设置入户花园得当，户型的平面布局、功能分布上可能更加合理，还一定程度上减少了传统户型设计中的空闲面积。

　　内入户花园由于是处于入户门内，具有一定的特殊性，将之称为户内花园也并无不可。实际上在后文所述的笔者作品中就将两者统一设计，无法区别。

　　这种多层次开放的设计促进了多层次的交往扩展，也营造了多层次递进的归属感。而这种集体归属空间的营造，能在私有住宅之外形成一种更强的安全感知，即居住领域的认同，这将会对住户更多地使用公共空间起到积极意义。

3.1.4 户内花园

　　户内花园是一个可以令人享受充足阳光、有利于植物生长的空间。最理想的户内花园是住宅的起居空间的延续或起居空间与居住空间的"分隔",使人们能够在阳光明媚的日子里,在花园中摆放桌凳,品茶休闲,童叟皆宜。空中花园让人们过去的"庭院情结"在空中得以延伸。无论是一层的住户,还是高楼层住户,都将享受到私家花园般的花园生活。

户内花园之于住户的意义则是住户的功用和社会心理的满足。牵涉每个住户的功能使用、喜好等社会文化因素。从这个方面讲,户内花园类似与传统住宅中的庭院,实际上相当多的住户也会以庭院的全部或部分要素来评价户内花园,除功能外,还涉及对中国传统文化情怀的渴望和追求,使空中花园更具人文意蕴。因此笔者更愿意以"空中庭院"来指代户内花园。户内花园让人们过去的"庭院情结"在空中得以延伸,无论是多层住宅的住户,还是高层住宅的住户,都将享受到私家花园般的花园生活。

在多层、高层住宅实施空中花园设计的关键是要在住宅中设置一个花园平台。最初的做法是采用传统的退台式设计,通常是将顶层单元设计为跃层式复式单元,利用下层的退台形成与客厅、卧室相连的露台花园;或将下层单元的屋顶作为上层单元的花园;或将裙楼之上的屋顶划分给上一层或二层住户作为独用花园。但这种退台式的方式只能得到少量的花园住宅单元,并且每层的户型不一,因此不具备普遍性。

同时空中庭院也并不仅是一个放大的阳台花园,它应和起居空间或居住空间有更好的结合。为了在多层、高层住宅中获得更多数量、更好品质的空中户内花园,经过建筑师多年的探索,逐渐发展了一些新的做法,空中庭院所呈现的形式也越来越丰富。

1. 错层设计的户内花园

通过单数楼层和双数楼层阳台的错位设计,花园住宅的每一层均实现了设置挑空阳台、户户享受花园的设计初衷,实现了人们将花园引入普通住宅的梦想,形成了立体园林生活。错层设计的户内花园的意义:第一,部分地方政府规定错层阳台可以不计入建筑面积,因而通过错层设计花园平台,面积可以做得更大;第二,由于错层设计的花园平台全部或部分是两层的高度,因此空间视野会更好。不足之处是:如果是平层住宅,上层住户对下层住户视线有干扰,花园的私密性会受到影响;如果是复式住宅,则无视线干扰之忧,但此类住宅一般面积较大。错层设计的户内花园,既是一种形式,也是一种设计手法,在其他类型的花园设计中也经常应用(图3-4、图3-5)。

2. 复式住宅在竖向叠加的户内花园

将带有花园的多个复式住宅单元在竖向空间上叠加起来,试图将低层别墅具有的亲近自然的特性移植到高层住宅之中,以获得比带有地面花园的低层别墅住宅更高的用地经济性,使人们在集合式住宅中体验到别墅般的空间感受。叠加式住宅原本是低层、多层住宅的一种形式,逐渐被运用到高层乃至超高层住宅设计之中,因而被称为"空中别墅",有的甚至还设有小型游泳池。由于每个单元占有两层高的空间,因此其阳台的设计也更为自

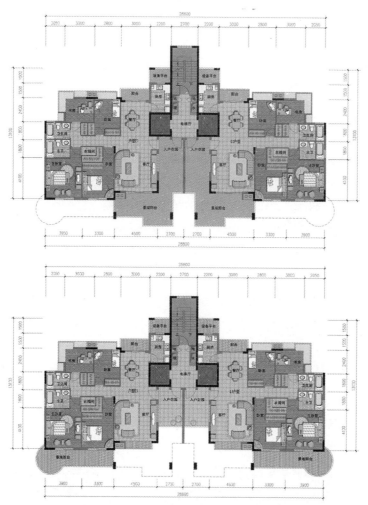

图 3-4　错层设计的户内花园（图片来源：《深圳特色楼盘 2003》）

图 3-5　错层设计的户内花园外观（图片来源：《深圳特色楼盘 2003》）

由灵活，不仅在平面面积上扩大，且多在立体空间上处理得错落有致、层次丰富，将上下两层空间沟通起来，增添了人们的生活情趣。从功能分区的角度来看，这种住宅形式的每个复式单元都对宅内公共与私密空间做出恰如其分的划分：下层做为宅内起居、就餐、接待等公共活动层，上层布置较为私密的卧室、家庭起居厅等，从而营造出"一楼一景"的空间效果。

3. 不同户型在竖向叠加的户内花园

将不同类型的户型在垂直方向上叠加；如果小户型只有一层平面，那么大户型设计成两层或三层平面，大户型底层部分地方凹进，给小户型二层高的花园空间，大户型本身能形成两层高的花园空间或借助另外的一户形成高空间的花园。这样，花园平台利用错层设计的手法，一般不需要计算建筑面积，而且视野开阔、阳光充足。对于住宅本身来说，具有灵活性和多样性，也丰富了立面的效果。

4. 居室界面转换的户内花园

花园与居室的界面在平面可以变动，花园沿居室纵向可以移动，换言之，花园面积可大可小；花园可设在不同的居室外侧，沿着水平方向变化。灵活设置的花园能满足住户的多样化需求。每层、每户的不同居室花园设置可使住宅在垂直方向有不同叠加的效果。每户的花园平台各不相同，户与户之间的庭院基本上互不遮挡。

从传统院落水平方向提取基本的空间单元，经过水平方向和垂直方向的变化，使院落由水平改为垂直方向的发展。不断改变方位的花园，使每户都拥有自己的一片天空。其优点是：花园多样，立面变化自由。不足之处在于：居室界面的转换往往导致漏水等问题的出现，同时伴随着优点，立面如处理不当，很容易混乱。

5. 嵌入式的户内花园

常规的户型组织要素包括起居室、卧室、厨房、卫生间等功能。出现户内花园是户型设计上的一次突破，在设计时可以打破常规空间，创造户内花园，将户内花园作为要素组织平面设计，可根据需要放置花园，不拘泥于一般的外挂布局形式。例如，如果将花园平台设计在起居室和卧室之间，就赋予它更多的功能，动静空间被彻底地分开了，在卧室、餐厅、客厅都可以享受到私家花园带来的新鲜空气和景观；如果将花园平台设计在卧室之间，也有很多优点，如果是几代同堂的家庭，花园就成为一个分隔，小孩、父母、老人的居住空间不会互相干扰，同时，花园可成为家庭室，成为起居室外的另一个活动中心（图3-6）。[1]

---

[1]　陈娟，许安之. 我国南方花园住宅设计研究［J］. 新建筑，2005（3）：65-68.

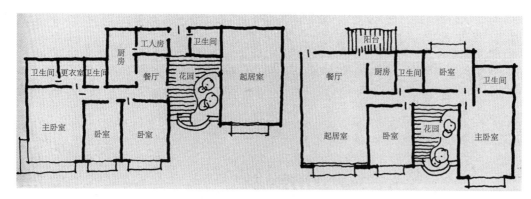

图 3-6 突破常规的户型平面

3.1.5 屋顶花园

屋顶花园就是利用住宅屋顶的面积，覆土种植花草树木，形成屋顶庭院，是园林建设的形式之一，也是建筑向自然空间的渗透，它对花园住宅生态环境的改善、美化以及室外空间的合理利用，都具有十分重要的意义。

1. 改善居住环境的生态功能

绿色植物在调节温度、湿度，净化空气、滞尘、降噪、抗污染等改造环境方面具有不可忽视的作用。改善多、高层住宅特别是高层住宅的生态环境，增加高层住宅的绿化面积是建造屋顶花园的环境效能，理想的花园住宅要求有一定的绿地面积指标来确保生态环境的质量。花园住宅的垂直绿化，特别是屋顶花园，不仅能增加绿地面积，还可以对室内环境效益有显著的改善作用，实践证明有屋顶花园的住宅和普通住宅相比，室内温度相差2.5℃左右，可以使室内达到冬暖夏凉的效果。同时，屋面覆土种植可防止热胀冷缩、紫外线辐射等给屋面带来的不利影响，延长建筑物的寿命。

2. 陶冶情操的美化功能

屋顶花园对居民的生活环境给予绿色情趣的享受，它对人们的心理作用比其他物质享受更为深远。比之其他艺术形式，园林艺术更有生气、更有活力，更能使环境有动感。它姿态万千，能从色彩、质地、形态等方面与建筑实体形成对比，以特有的自然美增强环境的表现力。不仅能从形式上起到美化空间的作用，还能使空间环境具有某种气氛和意境，满足人们的精神要求，起到陶冶性情的作用。同时，绿色植物能调节人的神经系统，使紧张、疲劳感得到缓和消除，因此，人们都希望在居住、工作、休息、娱乐等各种场所，欣赏到植物与花卉装饰，而屋顶花园的绿化正好满足了身居闹市中人们的这种需求，这种社会效益应引起城市建设的关注。

3. 丰富多彩的使用功能

屋顶花园可以协调花园住宅与环境的
关系，使绿色植物与建筑有机结合并相互
延续，屋顶花园的发展趋势是将绿化引入
室内公共空间，形成绿色向建筑空间的渗
透。同时，屋顶花园也是花园住宅室内空
间的外延，可以设置亭、台、廊、桌椅、
运动器械等室外休闲、活动设施，形成集
赏、游、憩、运动、交流等于一体的室外
空间，成为室内空间的外延。一个充满绿

图 3-7　屋顶花园

色空间的屋顶花园，不仅为城市增添了风采，而且避免了传统住宅的封闭、压抑感。作为
一种休闲设施，人们在生活之余，在自然和谐的绿色平台上活动、休息，可提高工作效率
和生活质量，尤其对于那些居住在高层住宅里的人们更有益处（图 3-7）。

也有部分多层花园住宅将屋顶花园分给顶层或顶层和次顶层住户的，再用楼梯和住宅
取得联系，形成私家花园。这种多层住宅一般也同时将地面花园分给一层或一层和二层住
户使用。中间楼层则采用错层露台或退台等手法形成空中花园，达到家家户户拥有私家花
园的目的。

3.2 空中花园的基本构成要素及建筑构造

"空中花园"的设计要素比较多，同地面花园相比，有些地面花园的设计要素都能运
用到"空中花园"中来，有些则需要结合空中花园的特点进行设计。

3.2.1 植物及其栽培

"空中花园"除了在空中，还有一个特点就是它是花园。作为花园就必须要有足够数
量的植物，集中绿化的花园应该满足各种各样植物的生长需求，包括地坪、地被植物、多
年生植物、一年生植物、灌木甚至高大的树木。要实现这种多植物的混合种植，就必须要
考虑以下因素：重量、覆土的深度、排水、土壤的稳定性、植物成熟后的最大高度、根茎
和树冠的最终扩展范围、根茎的类型及延长深度。另外，还必须要达到一定的使用功能和
美学效果。这些要素在设计前都值得研究和权衡。

由于功能、小气候和土壤、供水能力、成本、后期维护以及美学标准的不同，"空中
花园"的类型也不同。所以在植物的选择上，不能仅根据这种植物是否适合生长在"空中

花园"中作为唯一的依据，每种植物都有其优点和缺点，对于一些特定的空间，其优点是可以掩盖其缺点的。在选择植物的时候要多咨询当地的园艺工作人员，或苗圃工作管理员，特别是对那些比较择气候和种植场地的植物。

　　总之，要为特定的"空中花园"选择适宜的植物，信息的来源是比较丰富的，现在只讨论在"空中花园"设计中所必须考虑的一般植物。在"空中花园"中，对于地被植物，草坪及一年生或多年生的观赏植物，可以按照和地面花园基本相同的标准来选择。而在选择树木和木本植物时，需要严密周到的考虑，因为其存活期长，栽种费用高，重量比较大，但其栽种在花园中对人们的视觉冲击也最强，树冠的高度和伸展范围与其根部的延伸范围是相关的，为了保护树不被强风掀翻，需要注意一些细节：种树时，土堆应该漫过根球的顶部最高处达到 400 毫米或更深，表面逐渐向平地倾斜，这就形成一个比较好的根部区，能够将树牢固地固定在花园中。根部的大范围扩展会带来两个好处：一是树木是阻挡狂风的最佳手段，但是，有限的空间会阻挡根部的无限延伸，因此，在种树的时候还应该用支架固定；二是根系的扩展，整棵树的重量将会由更大的表面来承受，如果有足够的区域供根部水平扩展，树木所产生的集中荷载甚至会随着它的成长而减小，这样对结构来讲是非常有利的。虽然有些办法可以解决高大树木在"空中花园"中的种植，但其也应该有一个合理的高度范围，通过国外的统计数据，一般小树为 3 ~ 4.5 米，大树为 6 ~ 6.7 米。这种尺度在高层建筑中，与它们周围的环境相比，显得比较适宜。那么，在选择植物时，应该综合考虑各种特征，包括根部的向外扩张及对防水层的破坏，在此要特别注意不要选择带有侵略性的根的植物，其侵略性的根主要带来两个方面的影响：一是根会很迅速地填满种植池，夺取为其他植物提供的水分和养料，最终导致其他植物的衰退；二是此种根会搜寻防水层中已经漏水的缺口，如果柔性防水层中含有可供植物吸收的有机成分，它同样会对柔性防水层造成破坏（图 3-8）[①]。

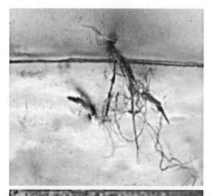

图 3-8　植物根系对建筑结构层的破坏

---

① 百度文库：对植物根系破坏防水系统的探讨. https://wenku.baidu.com/view/1e8368d0d5bbfd0a7956735c.html。

常用树种有以下几类。乔木：桂花、石榴、琵琶、苏铁、香樟、龙爪槐、龙柏、罗汉松、黑松、红枫等。灌木：含笑、金钟花、无刺构骨、金丝桃、金叶女贞、紫竹、凤尾竹、金橘、山茶、蜡梅、月季、杜鹃。地被植物：石蒜、朱顶红、雏菊、大丽花、长春花、石竹、鸢尾、佛甲草、龙须海棠。攀缘植物：落葵、观赏南瓜、忍冬、紫薇、凌霄、葡萄、爬山虎。

3.2.2 种植土壤与种植容器

"空中花园"中土壤的深度是有一定限度的，所以树木的最终大小也因此原因而受限制。在"空中花园"中，土壤的整体深度都比较浅，一般低于300毫米，但在结构比较坚固的位置，比如柱子上，可以把土堆的高些，可以达到800毫米或更深。为了增加土壤的深度，可以使树下方的局部区域屋面低于花园中的其他部分，也可以在种植层的下部使用聚苯乙烯泡沫塑料块等轻质材料，在提高土壤堆积高度的同时，也减轻种植层的重量，同时降低成本。

轻质种植土是在土壤中按配比添加其他轻基质，减轻栽培基质的湿重，从而减轻整个屋顶承重的种植土。轻质种植土材料的选择应用涉及饱和水容重、排水、透气性、土壤肥力等关键性指标。种植土要求选择土壤肥力相对贫薄，透气、排水性能良好，饱和水容重较轻的材料，以减轻建筑荷载，同时减缓花草灌木快速生长所造成的荷重增加的压力。种植土的PH值最好控制在6.5~7.5；总含盐量不得高于0.1%。一般轻质种植土通常由草炭土、酒糟、木屑、珍珠岩、砻糠等有机轻质基质构成。

种植容器，比如：桶、罐子、花盆等常常适用于平台、阳台、走廊等小型"空中花园"里，同样某些受严格荷载限制的"空中花园"，种植容器的使用也非常普遍。当然，对荷载要求没有那么严格的"空中花园"，作为设计的亮点，种植容器也广泛使用。值得注意的是，常年固定的种植容器通常适用于冬季比较暖和的地方，比如中国的南方，广东沿海区域。而在北方地区，在寒冷的冬天，种植容器容易受到冻融循环的影响而破裂，那么到了冬天一般要将容器移放到室内。另外在种植容器中，植物的灌溉和排水却是个比较难解决的问题，所以在做设计时，这些因素必须要考虑到（图3-9）。

图3-9 空中花园的种植容器

3.2.3 灌溉与排水

"空中花园"里的植物需要灌溉，一般有三种方法：一是把输水管道直接安装在种植池里，而其水口向上穿过土壤，再通过出水口或者洒水装置将水喷出。在灌溉植物时用这种方法比较方便，但露出的水管常常影响花园的美观。二是将供水管道悬挂在屋顶下面的顶棚上，在特定的位置向上穿过结构板，铺地和土壤，利用喷洒装置，形成喷雾或流水的方式给植物灌溉。这种方式不适合浇灌盆栽植物，比较适合花池植物的浇灌；另外因为其管子穿过结构板，顶棚的防水比较容易出问题，加上植物根的破坏，防水层需要经常维护。第三种方法就是人工灌溉，一定需要浇灌人工和工具。

排水问题非常重要，一般需要注意两个问题：一是在排水层的上面要覆盖一层聚丙烯滤布，使过滤了泥土的水通过排水层进入排水槽或排水管中流走；二是注意排水槽和排水管的排水坡度，避免积水，以免积水变质产生气味或生长蚊虫（图3-10）[①]。

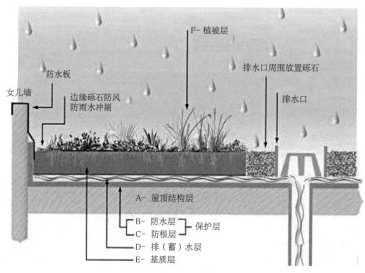

图 3-10　屋顶花园构造示意图

3.2.4 地面铺装

"空中花园"的硬质表面所起到的作用同地面花园一样，在以下几个方面需要特别关注：首先要满足使用功能的需要，选用合适的铺装材料；其次要选用重量较轻的铺装材料，减轻对楼面的荷载；最后铺装材料的厚度也不能太厚，过厚的铺装材料对屋（地）面

---

① 海绵城市网：屋顶花园的设计与搭配. http://www.calid.cn/2016/01/5386。

找坡及泛水的构造设计都会产生不利影响（图3-11）。

图3-11　空中花园的地面铺装

"空中花园"中也不太适宜使用砂砾等松散材料，一是这些材料容易被人踢散，回收和清理都比较麻烦，而且砂砾作为路面不利于人的行走，更不用说轮椅车的推行了。二是"空中花园"中的风通常都比较大，这些材料容易被风吹得到处都是，污染环境，并且容易造成下水管堵塞。

在铺装材料时，还要考虑其运输问题。在高层建筑中，材料一般都是利用电梯来输送，所以运送块材（比如红砖、混凝土砌块、地面砖等）就要比运送浆料（比如混凝土、砂浆等）容易且干净得多。

3.2.5　景观家具

对于面向公众开放的"空中花园"，室外家具的安排非常重要，这样的花园通常会更受人们欢迎。在布置家具时需要注意一些问题：第一，要弄清楚"空中花园"的使用类别，比如公共部位的"空中花园"一般要布置比较好的家具，从而极大地提高其使用率，为住户带来更多的享受。若是自家"空中花园"中的使用家具，则只需要布置些轻便、简

图3-12　空中花园的景观家具

洁的家具，因为其使用率不高，而且轻便家具便于随时更换和灵活变换位置。第二，家具要能承受各种天气的变化，主要是烈日和下雨天气的影响。塑钢或铝合金材料做成的家具有很好的耐久性，是花园家具比较好的选择（图3-12）。

3.2.6　照明

在"空中花园"有白天和夜晚两种景色，花园中精心设计的照明能带给人们愉悦和安详的感觉。当然，除了照明的功能设计要素以外，灯具本身也是花园的一个装饰元素。对

图 3-13　空中花园的灯光效果

于公共的"空中花园",灯光还可以提高花园的安全性(图 3-13)。

在设计"空中花园"时,一般要把照明的问题考虑在内,照明系统的管线同灌溉系统一样,要预先埋设,电线管道一般安装在结构板的表面上,隐藏在排水层和种植层的下面。另外,在安装灯具时,需要采用特殊的方式固定灯具,以防止防水层被穿破。比如,灯杆短的灯,可以通过螺栓把其固定在女儿墙或防护栏杆上;对于灯杆长的灯具,因为要考虑强风的影响,一般把它和结构板牢固连接,这样就需要穿过防水层,因此,施工时就要对这些开口处进行仔细的防水处理。

3.2.7　构筑物

在"空中花园"中建造一个构筑物看起来好像是和屋顶或阳台绿化的整体概念相矛盾,但却非常必要。首先,这些构筑物有利于调节气候和天气的效果,比如,一个小亭子可以作为挡风墙用,同时在下雨的时候,为人们提供避雨的场所,在酷热的夏天也能减少阳光的照射,还能弱化屋面眩光的影响。其次,作为一个设计要素,它还提供了视觉上的趣味性,比如,一个爬满葡萄藤的架子,端头或视线交汇处的构筑物等。再次,这些要素作为花园的核心要素来设计时,它们将带来更多的设计内涵,成为花园的视觉和活动中心(图 3-14)。

图 3-14 屋顶花园中的构筑物

3.2.8 基本构造

"空中花园"的构造一般包括以下几个基本构造层，由下层的结构顶板开始，它们是依次是：保温隔热层（仅仅屋顶花园时使用）、找坡层、防水层、普通排水层、耐根穿刺防水层、保护层、排水层、过滤层、种植土层、植被层。由于其使用的材料不同，其选择的构造措施也有所不同（图 3-15）[①]。

1. 防水层

防水层是"空中花园"构造层中重要部分，对于新建屋面采用两层防水构造，包括普通防水层和耐根穿刺防水层。

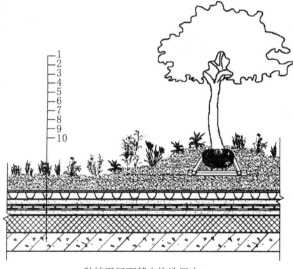

种植平屋面基本构造层次

1—植被层；2—种植土层；3—过滤层；4—排水层；
5—保护层；6—耐根穿刺防水层；7—普通防水层；
8—找坡（找平）层；9—保温隔热层；10—结构顶板

图 3-15 屋顶花园种植平面构造图

---

① 张道真. 建筑防水［M］. 北京：中国城市出版社，2014.

普通防水材料包括卷材类、涂膜类防水材料。卷材长边和短边的最小搭接宽度均不应小于 100 毫米；卷材与基层宜满粘施工，坡度大于 3% 时，不得空铺施工；卷材搭接缝口应采用与基材相容的密封材料封严。

根穿刺性是指屋顶表面防水或者防水层角落部位、接缝处、重叠部分被植物根系侵入、贯穿、损伤防水层的现象。必须保障屋面防水的长期耐植物根穿刺性能。耐根穿刺防水层材料通常选用弹性体改性沥青防水卷材、塑性体改性沥青防水卷材、聚氯乙烯防水卷材、高密度聚乙烯土工膜、三元乙丙橡胶防水卷材，可以起到隔断根系以免破坏防水层的作用。

2. 排水层

排水层的特点是呈多孔状（便于水流通畅无阻）、持久耐用且要有足够的强度用以支撑上面几层材料的重量。良好的排水层对"空中花园"非常重要，它好比是一个生物的排泄系统，一旦它发生了阻塞，就可能导致植物的死亡，而且多余的水将使花园内涝，并且它的维修成本昂贵。

"空中花园"的排水系统一般由两个部分组成：一是排水材料，它是排水层的基本组成部分，一般是一些抗腐蚀的材料，范围非常广。在现代建筑中，最早使用的排水材料是由卵石、碎石、炉渣、碎砖块等组成。20 世纪 50 年代末，设计师们采用了一层厚为 7~10 厘米的碎石作为排水层，而且上面也不铺设过滤材料，这种做法很简便，但泥土容易堵塞排水管道。直到 20 世纪 60 年代中期才在碎石层上面加设了一道过滤材料。到了 20 世纪 70 年代末，花园的设计师们才发现了更为适宜的材料，这种材料的名字叫赛尔草（Grass—Cel），由耐压的塑料制成，呈蜂窝状，由许多六角形的空槽组成，它的特点是很轻，并且坚固耐用，易于操作及切割方便。后来又出现了恩卡（Enkadrain）和吉欧特克（Geotech）两种新材料，这两种也是塑料材料，性能各有优劣（图 3-16）。[1]

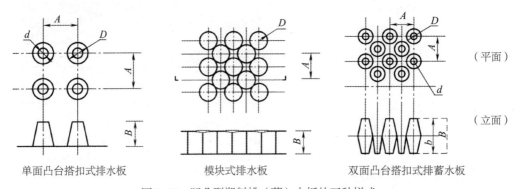

| 单面凸台搭扣式排水板 | 模块式排水板 | 双面凸台搭扣式排蓄水板 |

图 3-16 凹凸型塑料排（蓄）水板的三种样式

① 张道真 . 建筑防水 [M]. 北京：中国城市出版社，2014.

　　二是排水管道和排水沟，排水管道和排水沟的主要作用是收集水并将其排入排水系统。排水管道一般由塑料或金属制成，品种和用途都比较丰富。比如有圆形排水管，它主要适用于绿化区附近的铺地排水；拱形排水管，它的特点是即便低处的孔隙被树叶或其他杂物堵塞，排水照常能够进行。排水沟包括平顶排水沟（一般用于铺地区域）和槽形或条形的排水沟（适宜安装在混凝土等硬质表面进行排水）（图 3-17）[1]。

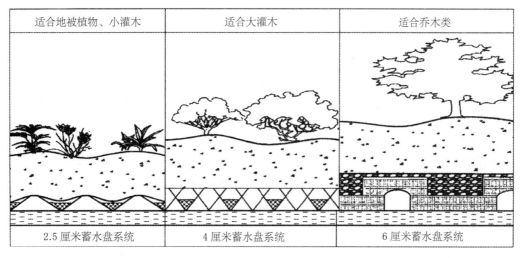

图 3-17　塑料排（蓄）水板规格与种植形式

3. 过滤层

　　过滤层的特点是：避免土壤进入溶液而流失、避免土壤和其他杂物阻塞排水层和排水口、抗腐蚀、易于运输和安装、坚固耐用等。20 世纪 60 年代出现过的一种玻璃纤维产品作为过滤产品，效果很好，但它自重比较大且不易安装，所以很快它就被另一种新材料代替，这种材料由聚丙烯纤维制成，比较轻便，能根据其不同厚度，来满足各种"空中花园"的需要（图 3-18）。[2]

图 3-18　过滤材料

① 张道真. 建筑防水［M］. 北京：中国城市出版社，2014.

② 杭州萧山航民非织造布有限公司. 针刺法非织造布过滤材料. http://www.zj-hangmin.com/CPZS3GLCL.HTML。

4. 种植层

种植层就是土壤层，一般是精心选择的表土层，其厚度对与整个"空中花园"的设计和建造起到决定性的作用。然而目前做"空中花园"设计的建筑师，他们对土壤的了解是非常少的，再加上"空中花园"所处的特殊位置和其不同于地面花园的种植方法，即便是土壤研究方面的专家，对这些土壤的了解也比较少。通常来说，花园中的土壤具有以下两个不利的条件。

第一，因为花园需要专门的排水措施，而且设置了滤布来防止土壤流失，所以土壤中不能含有泥沙，以免造成滤布的堵塞，使得集水增加，引起植物根茎腐烂并且使地面活荷载增加，带来安全隐患。

第二，就算是设置了很好的滤布，也不能阻止土壤中的有机物质溶解于水中而流失，有机物质是植物赖以生存的营养物质，所以，一段时间后若不做处理，花园里的土壤就会变的贫瘠，植物们也就难以维持生计了。土壤中有机物质的流失带来的另一个问题就是土壤体积的减少，这个问题比较难以解决，因为有机物质的流失会使剩下来的土壤变得密，这样会妨碍根部的通气，不利于植物生长。通过近几年的研究和比较，科学家们开发出了多种适合用在"空中花园"中的土壤，主要就是在种植土壤中添加一些改良剂，比如在砂土中添加多孔页岩、板岩或勃土等，还要在种植层中添加适当的腐殖质。也有其他比较好的改良剂，比如硅藻土。随着对"空中花园"材料的更深入研究，出现了无土栽培技术，比如泰克若佛勒（Technoflor）、古登罗（Grodan）种植层等。

3.2.9 空中花园的后期维护

"空中花园"的维护和地面花园的维护有很多不同的地方，但对花园里植物的管理来说，还是有很多的相似点。把"空中花园"中的植物和地面花园中的盆栽植物相对比，就有很多类似的地方，比如水分的流失，它们常常需要被浇灌；有机质的流失，会使它们的土壤变得贫瘠；随着植物的生长，它们最终会超出有限的种植范围，等等。所以在"空中花园"的维护中，必须要注意以下几个问题。

1. 灌溉问题

不同的植物，其对水分的需求是不同的，但没有一种植物能在干燥的土壤中长期生存。由于"空中花园"所处的特殊位置，它是不能多浇水的，水浇的越多，土壤中的养料就流失得越快，另外水资源的浪费在经济上也不合算。所以保持土壤中含有适量的水分就非常必要了，那么通常的做法是在土壤中安装湿度感应器，防止过度浇灌（图 3-19）。[①]

① 水艺灌溉：屋顶绿化常用的节水灌溉技术分析与选择. http://www.gg.aquasmart.cn/ty/8989.html。

图 3-19 屋顶花园

2. 施肥问题

现在广泛使用的肥料主要有两种类型，第一种是速效型的肥料，它可以迅速融入溶液，与水分一道被植物吸收。它的主要成分是氮、磷、钾等常见元素，还含有铁、镁、钙、硫等微量元素。此种肥料的优点是，快速融于土壤中，有利于植物在新的环境中快速生长，缺点是很容易随土壤中水的流失而快速流失。第二种是缓释型肥料，这种肥料既适合培育新植物，也可以用于植物的长期维护。它的氮、磷、钾三种元素含量比较高。其优点是，因为缓慢释放，即使用量大，也不会烧伤植物，不受水分的影响，也不会溶于水而被带走。缺点是受温度的影响比较大，天气热时，释放速度比较快，相反就慢，所以需要控制温度来控制它的释放。

"空中花园"应该制定定期的施肥计划，因为肥料和土壤中的天然养料一样，会随着雨水和灌溉水一起流失，为了保证植物有充分的养料维持生长，就需要定期为植物施肥。

通常在每年开春的时候（四月）进行施肥，夏季（七月）再施一次肥，秋季（九月）施最后一次肥。冬天一般不需要施肥，因为大多数植物处于休眠期，当然，这同各个地方及栽种的何种植物有关，要具体情况具体对待。另外，针对不同植物，其施肥时间、肥料的成分、数量都不同。

3. 松土问题

上文已经提过，土壤会随其中有机质的流失而坍塌，变得比较紧密和贫瘠，为了维护植物的生存环境，松土也是很重要的问题。人工松土除了带来一定的工作量外，操作起来也有一定的难度，因为"空中花园"不同于地面花园的构造因素，土壤中还埋有管线、铺设防水层，如果这些设施和构造层不小心在松土时被器具损坏，那么造成的后果比较严重。为了解决松土问题，常常在"空中花园"中引入蚯蚓，蚯蚓除了能疏松土壤

图 3-20　蚯蚓松土

外，它们的排泄物还能大大增加土壤的肥力。但一般需要注意的是，它们不能生长在重度酸性的土壤中。因此，相比之下，蚯蚓的引入更加节省"空中花园"的维护费用（图 3-20）。

4. 对植物根部的维护问题

随着"空中花园"中植物的生长，土壤或花池的内壁会阻碍其根向四周蔓延，时间久了其根系会充满花池，这样对植物的生长是很不利的，那么就需要对植物的根系进行修剪。对植物的根系进行修剪一般是在其休眠期内，把位于花池底部多余的根系切掉，然后在此区域重新填上种植土，夯实，最后浇水。需要注意的是，在剪根的同时，也需要剪掉植物的部分枝叶，以便其根能满足植物自身养分的正常供给。

5. 对护根物的维护问题

前文已经对护根物作过介绍，所以在"空中花园"的维护中，对护根物的维护也必不可少。为了保证它们的使用效果，每年都要检查它们的状态和深度，护根物的深厚度应该始终保持在 1.3 厘米左右。

6. 其他日常维护工作

"空中花园"与地面花园一样也需要日常的维护工作，比如：割草、除草、杀虫、清除植物掉落的花和果实，换掉一些枯萎的植物以及冬天的除雪等。除此之外，还要对花园的铺地、管线、防水、照明及家具等进行维护。

4

空中花园设计的
影响要素

空中花园的建造是一项系统工程，它的设计不能脱离其所在的城市大环境与社区小环境的影响，还要受城市法规、技术、经济等条件的限制，这些影响要素可归纳为两类。

1. 显性要素

显性要素又可称为物质环境要素，它是指由可见的物质要素构成，包括在物理世界中存在的各实体要素之间的组合关系和空间的形式、风格、布局等有形的表现。空中花园的物质要素就是一种显性要素，它是指花园住宅的实体与空间要素，其中住宅对其花园的空间起到围合和限定作用，对人的行为起引导作用；由花园围合的空间，是花园功能的载体，为人们提供活动领域，构成人的行为场所。

2. 隐性要素

隐性要素又称深层要素，是在人的头脑中反映出来的社会文化与物的组合关系，是复杂的人类政治、经济、社会、文化活动在发展过程中交织的物化，也是在特定的建筑环境下人的各种活动和自然因素互相作用的综合反映。构成隐性要素的内容很多，如气候、水文、地质等环境介质要素和历史文化、经济技术、风土人情、规划政策法规等人为介质要素。正是由于这些隐性要素对于不同建筑环境的影响，才使世界变得五彩缤纷。以往对花园住宅的设计只重视对显性要素的分析，而忽视了隐性要素的影响。作为花园住宅的设计者，应当通过研究其物质系统的组合关系，找出其背后的隐性要素，创造更加符合花园住宅发展的空间环境。

具体这些影响要素可以概括为五类。

4.1 自然环境要素

4.1.1 功能要素

西方国家解决高密度城市的绿化景观方式，通常关注保留的、开放空间的运用，比如广场和公园。而以具有独特建筑形式"热带摩天大楼"创新而著称的杨经文先生则鼓励对适合当地植被的开放空间和自然特色的开发，他建议：亚洲的建筑设计师应充分利用生长迅速的、繁茂的植物，用于每一个平台和屋顶空间，以创造一个连续的城市绿化。这有助于建筑遮阳，吸收温室气体和提升人的精神，作为对传统的公园和广场的补充。因此，在高层建筑中，比以前更大的、植被良好的"空中花园"，作为高层塔楼的特色，承担了公共和半公共开放空间的功能和性格，一个等同于地面广场的空中城市交往场所，打破了建筑体量，同时为使用者提供可接近的休闲娱乐空间。

4.1.2 选址要素

空中花园的选址要素是比较复杂的，因为一个项目的使用者（人）和它的常住者（植物）都是不同的，要能同时满足两者的需求，一个成功的选址应当既能吸引人们前往，又可以为植物提供良好的生长环境，而恰恰"空中花园"对于植物来说，并不是它们天然的生长环境。而恰恰"空中花园"的设计通常由景观设计师来完成，但他们往往在"空中花园"的选址上没有发言权，一般情况下，业主和建筑师在征求景观设计师之前就已经决定了它的位置。当然，还有一些情况是对现有的阳台、屋顶进行改造翻新，因此荷载、规模、视野、气候、出入口及其他要素，都对"空中花园"的方案产生限制。当然，选址只是决定"空中花园"质量高低的要素之一。一个好的设计师是可以通过扬长避短，以减少选址中不如人意的地方，所以，在设计前，必须要了解场地的优缺点。

4.1.3 自然环境对空中花园的影响

自然环境要素对空中花园的设计与建造起决定性作用，比如阳光、风、雨、雪这些对于地面花园来讲，是最平淡不过的自然现象，一旦作用在建造于具有特殊位置的空中花园时，其影响将会有所不同。

1. 气候和小气候对"空中花园"的影响

因为"空中花园"是一个室外使用空间，气候对它的影响当然不可小视，中国大部分地区的气候还是比较温和的，但是地区间的气候差异还是比较明显，不过也没有任何一个地方的气候恶劣到一年四季都无法使用"空中花园"。

除了地区气候差异外，由于所处的位置不同，每个花园都会有自身独特的气候条件——小气候，疾风和冷风、火辣直射的阳光，寒意阵阵的背阴处，所有的这些不利因素都会使室外场地变得不舒服，从而影响它的使用，而且高层建筑中的"空中花园"远远高于地面，这些不利因素所带来的后果通常会被放大。而通过仔细布局的植物、挡风玻璃及其他设计要素，将大大减弱这些不利条件的影响。当然，如果决定建造花园时，其所在的住宅楼在建筑设计时就考虑弱化小气候带来的影响，比如住宅楼本身的设计和朝向，将会给后来的"空中花园"设计减少很多麻烦。

2. 阳光对"空中花园"的影响

虽然太阳发出的强光和热量常常让人感到不舒服，但在考虑"空中花园"位置时，我们还是喜欢把它放置在向阳的地方，同时通过园内的设计元素来减弱阳光的作用。一个理想的"空中花园"应该在一年四季中都能享受到来自东、南、西面的阳光。朝北的花园只有在夏季的时候感觉凉爽，而在其他季节里都会感觉比较阴冷。所以，"空中花园"应该避免朝北布置。屋顶花园的最佳朝向应该是朝东，因为过了午时阳光就不会照射在屋顶之上，到了下午和傍晚，自南面和西面射来的阳光则会在花园里形成凉爽的阴影。

由于阳光的作用，眩光有可能成为"空中花园"影响周围环境的一个因素，因此建议在"空中花园"多种植草坪、地被植物和灌木丛，或者在花园内铺设暗色吸光的建筑材料，例如砖块、石板或暗色混凝土等，以减少眩光的效果并抵消附近建筑物的反射表面所带来的不利影响。

3. 风对"空中花园"的影响

风是影响"空中花园"舒适度的因素之一，柔风能带来乐趣，但破坏性的大风就让人感到很厌烦了，因为"空中花园"建在高处，大风的日子不可避免，那么对于开放性的"空中花园"，在设计时要尽可能地考虑防风区的建造，对于私家花园主要是要对场地内抗风植物进行研究。除了植被以外，还要注意一些轻质的设施，比如塑料桌椅、遮阳伞、轻质雨篷等，它们会被吹得到处都是，轻者对花园造成一定破坏，重者可能会坠楼伤人。

在城市里，微风常常在人造构筑物的作用下变成一场大风。风吹到一栋高层建筑的表面，由于阻力的影响，风力和风速在建筑的两侧都将加大，变成瞬风，那么在"空中花园"的设计时应该考虑到它的影响，并采取相应措施。和地面花园一样，"空中花园"上的强风也能通过措施减弱到一定程度，通常的办法是使用挡风板和防风墙来阻挡大风或迫使其转向。还要注意的是（主要指无盖的"空中花园"），在保护建筑的端部会形成强旋风，容易对那里的植物和人造成伤害，可以在花园的上方建造一些与大楼和花园平行的挡风板，从而在一定程度上解决这些问题。安装于花园内部的挡风设施可以独立放置，也可作为高架遮阴设施的一部分。总之，通过适当的设计，使这些挡风设施成为项目不可分割的一部分。

4. 冬季和寒冷对"空中花园"的影响

在中国的北部地区，冬季的严寒对"空中花园"的影响比较大，主要是对植物存活的影响。为了使园内植物顺利度过寒冬，根茎的长时间冻结是一个特别需要关注的问题。美国马里兰大学的一位园艺学家弗郎西斯·古安博士通过研究发现：严寒首先会冻死植物细纤维状的须根，其次是中等大小的根茎，最后才是主根。研究还发现，在植物的根茎在浅层的土壤中（30.5厘米至76.2厘米），在低于零度的寒冬里，有些耐寒植物能够生长得郁郁葱葱，当然积雪以及森林地表的堆积物（主要是落叶）可以起隔离作用，减少严寒的直接侵袭，也有助于植物对低温抵抗。因此，为了减少低温对"空中花园"的影响，在建造花园和种植土壤时，应该尽最大的可能模仿上述条件。通过这些努力，再加上耐寒植物的使用，就能保证寒冷气候条件下"空中花园"绿化的成功。

4.2 法规要素

中国一些历史文化保护城市或自然风景区不允许或限制修建高层建筑,那么高层住宅中的"空中花园"自然也不会出现。在允许或鼓励修建高层建筑的大城市里,建筑规范一般都要求得比较严格,通常建有屋顶花园的高层建筑都会被要求有两个疏散出口,而且要有两个消防通道连通,屋顶花园的女儿墙或户内花园的栏杆都要求净高度不小于1.100米,并且要采取防止儿童攀爬的措施,此外屋顶花园覆土层的厚度增加会影响栏杆的高度,作为影响因素,覆土层厚度必须考虑在栏杆高度的净高度以外。另外,每个城市还有自己的地方标准,比如建筑物若是建在飞机航线上,那么还有航空限高的要求。当然,还要看当地是否常年有大风或者地震频繁等。

值得注意的是,在中国很多城市,屋顶花园是不算绿化面积的。但是部分地区如在杭州,建筑的屋顶标高小于24米,只要覆土深度达到一定深度,那么规划局允许花园面积的50%被记入绿地率。即使屋顶标高较高,面积不能计入绿地率,政府还是鼓励建造屋顶花园。一个楼盘的规划条件通常对绿地率是严格控制的,要达到规定的绿地率通常有两种办法:一是减少建筑的基底面积,扩大地面的绿化面积。当然,在一定条件下,现在有了第二条路,就是建造规定条件的"空中花园",这条路往往会让开发商大大降低成本。

另外一个影响要素是户内和层间花园占用建筑面积指标问题。在不同城市,错层阳台及无柱走廊是否计算面积和计算多少面积政策不一。实际上,如果真正作为空中花园设计和使用,这些空中花园的承台是否应计入容积率,还是值得进一步探讨的。

我国建设领域一直实施容积率指标控制的模式。这种模式的出发点在于控制相关区域的人的活动强度,即保证相应的市政设施等配置的有限性及人的活动空间,因此容积率一直是建设管理部门控制的硬指标,这也是我国住宅中实施空中花园比较少的主要原因。空中花园建设所增加的容积率,实质上是为植物而增加的,并不会增加人的活动强度。但建设空中花园为居民改善城市环境的作用是明显的。因此从理论上讲,管理当局无须考虑部分的容积率增加而带来的危害性,主要须防范的是该部分指标被挪作他用。对此,可以适当附加一些条件,如开敞度等,使之无法作为他用。

4.3 技术要素

一般来说,一栋大楼地基的坚固程度往往决定了这栋大楼是否牢固,同样,一个"空中花园"的能否成功,也主要依赖其下方结构板是否牢固。对结构影响比较大的主要是荷载因素,比如覆土的深度,种植的植物,是否建造水池及堆叠假山等。当然还有为方便排水及浇灌用的设备的位置及其穿管在结构构件上的留洞尺寸；防水设施的完整性；施工的可操作性和花园竣工数年后的维护，根据国内外"空中花园"的使用实例证明，如果建造和维护得当，是可以建造出永久性的"空中花园"的。

"空中花园"一般是由多层材料组成，这些材料层的顺序可根据实际需要做部分调整，现在就按其从下到上的顺序对它们进行进一步说明：

（一）结构板，对于高层建筑来说，它通常是现浇混凝土板或波纹钢板，除了起传递荷载的作用，还有整体防水的作用。

（二）防水层，一般是指柔性防水层（通常是铺设 4 毫米厚的聚合物卷材或喷涂数遍，达到 1.5 毫米厚的高分子防水涂料），因为混凝土的结构板在浇注时，通常会在混凝土中加入一定量防水剂，起到刚性防水的作用，刚柔相济才能达到最佳的防水效果。

（三）保护层：通常是做 25 毫米厚的砂浆，保护防水层不被其他材料损坏。

（四）保温层：（屋顶花园才有，而入户花园通常不用作）起到保温隔热的作用，一般采用 35 毫米厚的挤压型聚苯乙烯泡沫塑料板。

（五）找坡层和保护层：通常有两种做法，一种就是用沥青炉渣或水泥硅石做找坡材料，根据坡度放坡，最薄处 10 毫米厚，上面再做 40 毫米厚的细石混凝土保护层；二是直接在保温层上做混凝土保护兼找坡层，最薄处 60 毫米厚。

（六）覆土层：即覆盖土壤的种植层。土壤在词典解释的意思为："供植物扎根和生长的媒介"，所以覆土层的厚度一般要超过 300 毫米厚，若要种植高大植物，则土层会更厚。加上"空中花园"所处的特殊位置，需要选择"肥沃、轻质、排水良好、湿润、耐久、稳固、廉价"的土壤。

4.4 经济要素

空中花园一般造价都较高，但设计时仍应精打细算，为业主着想，把资金用在急需的地方。设计时应根据业主的投资状况，量体裁衣，力求通过材料选择和施工工艺节省开支，不必选择昂贵的材料，而应追求最适宜的材料。另一方面，设计时还应充分考虑后期管理，最大限度地降低后期管理成本。

4.5 管理要素

主要是"空中花园"的使用者是谁的问题。

首要的问题是"空中花园"是否对外开放。对一个户内花园来说，则只需要考虑植物的种植和养护问题，而管理几乎不受什么影响。

　　相反，若是一个对外开放的花园（一般多指屋顶花园或楼与楼之间连接的平台花园），那么在设计时，除了满足景观要求之外，还要考虑使用者的需要。这种开放性花园和私人花园的使用率是不同的，所以在公共花园的管理上必须考虑各类人群的通行需要，包括儿童到老人及残疾人轮椅和儿童推车。因为是在高层建筑上，因此还要增加一些安全设施来保护人们免受伤害，同时还要考虑对犯罪行为的防范及防止观光业主对花园公共设施的破坏。当然，为了吸引业主前往，花园还要有较高的舒适度，所以在对这种高层的"空中花园"设计时，要尽量采取措施以减少不利气候条件对花园使用的影响。

5

花园住宅的理论、经典人物和作品

5.1 中国传统文化的影响

中国传统的美学取向，特别是天人合一的思想在中国传统花园的建造和品鉴中起着很大的作用。他们认为，人是自然的组成部分，人与自然界是平等的，人与自然是密不可分的有机整体。这种天人合一的哲学观念长期影响着人的意识形态和生活方式，造成了我们民族崇尚自然的风尚。这不仅体现在他们的生活行为上，更重要的是人与自然和谐共处已经作为一种文化观念深深地扎根于人们的观念中。现代生活中人们更加崇尚与自然的亲密接触，空中花园经过人们多年的探索，被证明是一条合理而有效地使城市住宅回归自然的手段，在创造自然氛围、维护生态平衡和在多高、层住宅中创造健康的生活环境等方面具有传统城市住宅建筑无法比拟的优势。它的出现使人们在日常生活中频繁接触大面积绿化空间的构想成为现实，促进了人与自然的和谐共处。[①]

传统民居庭院的启示。目前许多住宅中的空中花园其实就是借鉴院落的布局形式，对传统合院式住宅庭院的"立体旋转"，这一构思是建立在对合院式民居综合分析和对现代住宅优缺点进行总结认识的基础上的创作。对传统民居庭院的研究目的，不仅是要把他们精彩的设计手段加以继续应用，而且要更注意挖掘民居庭院中蕴含的对居民的人性化关怀的精神，并把这种精神体现在现代住宅空中花园的设计当中。当前城市住宅当中的花园空间已经不仅是承担让人休闲的功能，他更是打破人与人之间的隔阂，促进交流，增加生活气氛的空中场所。另外，利用空中花园空间创造生态效应，打造高层建筑中立体化的绿化也应该成为我们研究的方向。

空中花园形态与传统花园虽然区别较大，可以借鉴民居庭院的设计方法。庭院是中国传统建筑理念的精华部分所在，在建筑形式上通过使用新材料、改变形状、扩大或缩小尺度、在立体空间内增加或减少个数等手段、对传统的庭院加以全新演绎，我们可以为居民们营造一种像在传统民居般和谐舒适的生活氛围。

空中花园式住宅就是建筑师们基于上述观念所做出的探索努力。近年来在中国许多地区陆续出现了以继承传统住宅院落生态设计手法、弘扬场所精神为主题的城市住宅设计方案。随着建筑技术的发展和建筑师创作水平的提高，必然会出现越来越多形式的空中花园，为人们提供更加舒适的工作、生活和休闲空间。

5.2 灰空间理论的影响

"灰空间"为日本著名建筑师的理论。对于"灰空间"的定义，黑川纪章讲道："灰色

---

① 赵瑾. 论住宅"空中花园"的设计理念［J］. 科学之友. 2007（10）: 243-244.

是由黑和白混合而成的，混合的结果既非黑亦非白，而变成一种新的特别的中间色"。近代初期，日本茶道的创始人和茶屋的首次建造者千利休（1521—1591），用一种叫作"利休灰"的色彩来阐明他的茶道思想。"利休灰"是由红、黄、蓝、绿、白等诸色混合成的一种色彩，这些颜色是由各种基本颜色混合后产生的一种色谱范围极广的混合色，它可以是红灰、黄灰、绿灰等色。

如果把空间比作色彩，那么作为室内外结合区域的"缘侧"，就可以说是一种灰空间。"灰空间"，也称"泛空间"，一般是指建筑与外部环境之间的缓冲与过渡空间，比如建筑入口的阳台、柱廊、中庭、檐下等。黑川纪章在谈到缘侧空间时指出：作为室内与室外之间的一个插入空间，介乎于内与外的第三域，才是"缘侧"的主要作用。因有顶盖可以算是内部空间，但开敞又是外部空间的一部分。因此，"缘侧"是典型的"灰空间"，其特点是既不割裂内外，又不独立于内外，而是内与外的一个媒介结合区域"。这个区域提供室内与室外的中途点。它是一个场所，结合了人们的一切愉悦活动，也是人们生活区域的延伸空间。而对于中庭形式他解释道："灰空间，不能是一个四周完全封闭的中庭，它必须是开敞的，自然可被隐退，建筑与自然相互渗透"。在创作实践中，黑川纪章常常将自然转化为内部，而又将是内延伸于外部。这样一来内部与外部，自然与建筑相互补充、相互渗透，维持了非常好的平衡关系。

在日本的园林建筑中，往往把院后的风景背景融合到设计中。这个人们熟悉的"借景"经验是与自然融为一体的人的意识的体现。在"数寄屋"风格的设计中说明，日本传统建筑的出发点是建筑物必须与园林、自然风景融为一体，其实建筑物就是自然的一个组成部分。"缘侧"就是建立自然和建筑之间的密切联系的手段。

日本民居中有各式各样的围墙，常用"生埴"（绿篱）或种植乔木、灌木构成一个篱笆或围栏，多数情况下不想完全封闭人的视线，要使人们可以看到外界但又保持自身的隐秘，并与周围的风景和环境保持密切联系。这种手法，也和日本德川幕府对付外部世界的锁国政策那样采取了半孤立主义的方式方法。[①]

根据黑川纪章的解释，"灰空间"就是一种"中间领域"，它是模糊多义的，是不明确的，是对某种超脱于物质和形的环境气氛和意味的追求。因此，灰空间不仅要具有实用功能，更要富于生活情趣，它的设计形式是千变万化的。

"灰空间"很大程度上源自日本共生的哲学，也就是主张对被现代建筑所抛弃的双重含义和多重含义的性质重新评价的哲学。为了实现这种思想，黑川纪章在实际中采用了一定的手法：1. 对局部和整体都给予同等价值。2. 把内部空间外部化和把外部空间内部化。这意味着排除内外之间、自然与建筑之间双重约束的领域，促进内部与外部之间的相

---

① 黑川纪章. 日本的灰调子文化 [J]. 世界建筑, 1981（01）: 57-61.

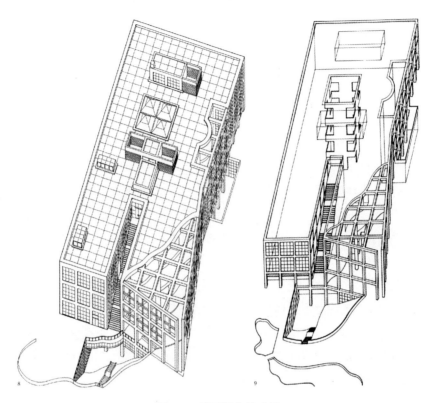

图 5-1　琦玉县立美术馆

互渗透。3. 在相互矛盾的成分中，插入第三空间即中介空间。4. 设计出共生的要素，有意识地把异类物件混合在一起，使之产生多重性含义，以便选用传统或历史性构件，或者把传统和现代技术有意识地交织在一起。5. 强调细部，即重视对材料的选择、注意能够表达人类感情和精神上的细部，适当考虑人类感情和精神上的细微接触。

　　虽然灰空间的理论和实践大都出于公共建筑的设计实践，但它其中的许多设计思想和观点还是得到了广泛的重视和传播，它所提倡的"缘侧"思想无疑成了花园住宅创作的理论依据之一。因此，对灰空间理论研究必将有助于我们在对高层花园住宅的理解和表现。如琦玉县立美术馆，在墙外筑起另一道格栅，用隐喻的手法在建筑与自然之间建立一个中间区域（图 5-1）。

5.3 外部空间设计理论的影响

　　芦原义信的《街道的美学——含续街道的美学》与《外部空间设计》两部著作是关于外部空间理论分析的重要理论文献，同时也为相关领域界的研究奠定了模式。他将建筑与

图 5-2　空间构成与结构（图片来源：芦原义信. 中国建筑工业出版社）

城市空间分为内部空间和外部空间两部分，并且分析了在东西方不同文化背景下，内外空间的划分与衔接模式的不同以及这种不同对空间构成与结构的影响（图 5-2）。

他将空间划分为积极空间（positive）和消极空间（negative），分别具有以下性质：P空间：积极性、求心性、阳性、凸性、实等。所谓空间的积极性，意味着空间满足人的意图，或者说有计划性。N空间：消极性、远心性、阴性、凹性、虚等。所谓空间的消极性，是指空间是自然发生的，是无计划性的。

P空间和N空间的划分实际上更多考虑的是在这两种空间中人类行为与心理的不同。这对人类行为与空间的结合方式是有很大启发的。

芦原义信详细分析了一系列空间特征，其中最著名的是他关于空间比例的分析工作。在人类感知的统计基础之上，它用比例的方式描述空间围合与三维体量对人的意义，其中几何特征是主导性的，而不是符号或其他象征性元素。另外，作者以格式塔心理学和东西方空间结构的探索为基础，分析更为细化的空间形态、建筑元素以及其他的环境因素。芦原义信指出："所谓建筑，通常是指包含由屋顶和外墙从自然中划分出来的内部空间实体"。通常在考虑建筑时，是把"内部"与"外部"的界限定在建筑的外墙处，由屋顶的建筑物内侧视为"内部"，没有屋顶的建筑物外侧视为"外部"。……在现代建筑中，也有不能简单规定"内部"与"外部"的情况，……有时创造出被看作"城市走廊"的"内部式的外部"，或是在建筑物内部广植树木，创造出"外部式的内部"。

依照芦原义信所说，"空间基本上是由一个物体同感觉它的人之间产生的相互关系所形成……但作为建筑空间考虑时，这种相互关系主要根据视觉、听觉、嗅觉、触觉来确定的"，外部空间是没有屋顶的建筑，而不是无限延伸的。"如果把原来房子的屋顶搬开，覆盖到广场上面，那么，内外空间就会颠倒，原来的内部空间成了外部空间，原来的外部空间则成了内部空间。像这样内外空间可以转换的特性成为空间的可逆性"。

芦原义信的理论更多偏向实体空间设计，但园林空间作为介于实体空间设计与非实体空间的一种具有独特魅力的空间形式，仍有值得向相关领域借鉴的意义。特别是积极空间（positive）和消极空间（negative）的划分对园林空间同样适用，而且这种空间概念的应用还往往倾注了更多的人文精神。①

5.4 台阶式花园住宅系列

这样的探索最早见于清华大学吕俊华教授在20世纪80年代提出的台阶式花园住宅系列设计，通过屋顶层层退台以及设置内天井的方式，使每户都能得到一个花园露台，以作为室内起居空间的扩大和延续，同时也丰富了住宅建筑的造型变化。吕俊华教授提出的"为每户提供一个屋顶花园"的设计理念使其台阶式花园住宅系列设计成为中国现代住宅最有影响的实验性设计之一。这种层层退台结合内天井的系列设计模式，主要适用于当时社会经济背景下城市住宅的主要形式——多层住宅。

台阶式花园住宅系列设计的出发点是要打破一般多层住宅一抹平、一刀切、排排坐、行列式、居住区面貌千篇一律的单调局面。该设计做到了：

只用少数参数（3.3～3.6米）设计或套单元系列，单元组合灵活，建筑外形丰富。无论在平面上、立体上和色彩上均能变化自如。

仅以厨房及居室两种基本间组成大、中、小各种套型。居室布置吸取中国传统住宅以隔扇分割空间的方法，房间可大可小，使用灵活，能适应不同家庭组成及远近期变化。

大天井、大进深、前后台阶，既能满足规划高密度要求，又能保证居民足够的户外活动空间。多层住宅，多层绿化，绿化覆盖率大而接近住户。每家门口有一个10～12平方米的屋顶花园或地面花园。

花园住宅单元平面层层收进，体型下大上小，局部层数相差2～3层，但由于平面方正，纵横墙对齐，再加构造柱及现浇梁圈，结构整体性好，有利抗震，足以安居（图5-3、图5-4）。②

① 芦原义信. 外部空间设计［M］. 尹培桐译. 北京：中国建筑工业出版社，1985.
② 吕俊华. 台阶式花园住宅设计系列［J］. 世界建筑，1986（01）：44-45.

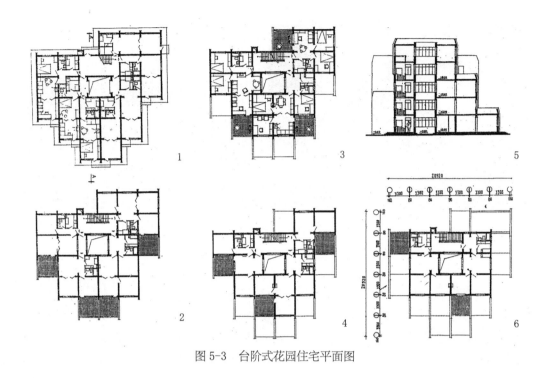

图 5-3 台阶式花园住宅平面图

图 5-4 台阶式花园住宅模型

5.5 沙夫迪的作品

在花园住宅中，加拿大建筑师沙夫迪 1967 年所设计的蒙特利尔市 "Habitat" 住宅实现了 "给每家一个花园" 的目标（图 5-5），独树一帜。

Habitat 67 是一座位于加拿大蒙特利尔圣罗伦斯河畔（Saint Lawrence River）的住宅小区，其奇特的外观使得它成为当地的地标之一。

图 5-5 蒙特利尔市"Habitat"住宅

　　萨夫迪在设计建造 Habitat 67 时，基于向中低收入阶层提供社会福利（廉价）住宅的理想，将每一个盒子式的住宅单元都设定为统一的模块，然后预制建造出来，再像集装箱那样以参差错落的形式堆积起来。沙夫迪早在 20 世纪 60 年代初在麦吉尔大学学习建筑时，发现了一种城市和三维房屋的概念，这种概念以一种可以接受的密度形式重组"单亲家庭的住处"，Habitat 67 便是这种概念的整体体现。Habitat 67 巧妙地利用了立方体的形态，将 354 个灰米黄色的立方体错落有致地码放在一起，构成 900 个（最终 158 个）单元。这种空间规划设计，既包含了立方体坚固的特点，又表现了错综复杂的美学形态，同时保证了户户都有花园和阳台的要求，更同时兼顾了隐私性与采光性，表明未来住宅人性化、生态化的发展方向。[1]

　　蒙特利尔国际博览会（Expo 67）在设计上的成功，使得萨夫迪在建筑界声名鹊起。

5.6 柯里亚的作品

　　查尔斯·柯里亚（Charles Mark Correa）是印度当代最著名的建筑师之一，他的作品由于蕴含着深厚的印度文化而受到世人的瞩目。透过他的作品人们可以感受到独属于印度的色彩、气息和节奏。这种对印度文化特色充分又巧妙的表达来源于柯里亚对印度传统生活的细微体察与对印度传统文化的深刻领悟。在此基础上，柯里亚挖掘和创造性地使用传统建筑语汇，积极地面对和解决印度现实社会中存在的各种矛盾。从柯里亚的作品中可以看出，传统的精神与现代设计理念是并存和共生的，他们通过相互补充而完美地结合在一起。柯里亚的作品是把本国的文化、历史、其气候等特殊要素作为基本语

---

① CBC: Habitat 67 住宅. http://www.archreport.com.cn/show-6-2486-1.html

汇，通过传统空间及现代技术对地方材料灵活搭配，构造出的具有印度特色的、诗意的现代建筑世界。

在柯里亚的设计理念中，传统的历史文化既是需要表达的目的，又是激发创作灵感的源泉。这种对历史的理解是基于一种心灵的热爱，和对印度本土生活的敏锐观察——密切联系了当地的自然条件、宗教文化、政治经济等客观条件，这种理解促使柯里亚积极而又巧妙地解决在印度本土进行创作所面临的各种困难与矛盾。

首先，柯里亚抓住了气候这个对印度人民生活起着关键性作用的因素。将解决建筑和气候的相互关系作为发展本土建筑的突破口。1969年，柯里亚发表了《气候控制论》的论文，从印度具体的气候条件出发，针对不同的住宅建筑，结合自己的实践经验，提出了相应的建筑类型。柯里亚肯定了传统民居围绕中庭布置房间的模式，认为其中蕴含着生活模式、调节气候、土地利用等要素，对环境与气候有很好的适应性。在此基础上，柯里亚对传统空间语汇进行了提炼与衍生。他提出了五个非常有实际价值的概念：围廊空间；可提供额外流通空气和采光的中央庭院；占据两层空间的跃层阳台；一系列分离的又由空间统一联系的单元；高效利用空间的管式住宅。

这五个空间概念的实质是：灵活而又巧妙的使用半室外空间。在室内组织可使空气流动的畅通空间，从而有效的控制微观气候，提高居住环境质量。对传统空间概念的衍生充分发掘了传统建筑中室内、室外空间的模糊性所蕴藏的巨大价值，又突破了传统建筑空间的封闭性，在有效地利用有限的建筑资源的同时，响应了当地的生活习惯。这五种空间概念最终被柯里亚浓缩成"对空空间"这个理念，来表达建筑不是封闭的，而是朝向周围环境开放的，可以自由的接纳空气与阳光。柯里亚将封闭空间，半开放空间，与开放空间有机地结合在一起，建立起一个完善的空间系统，在解决气候问题的同时，营造了具有印度特色的空间意境。

柯里亚于20世纪70年代设计的干城章嘉公寓是其理论最为经典的表达（图5-6）。

干城章嘉公寓位于印度南部的重要经济与对外贸易城市——孟买的康巴拉高地上，这里是孟买著名的高级住宅与商业区之一，紧邻的城市道路通往机场。

孟买是一座海港城市，但是与世界其他一些同等地区的问题一样，缺乏本土化的建筑形式，到处泛滥着西方式的城市景观。柯里亚试图从环境控制、空间区分和景观来实现一个地域性的建筑。

在这栋28层、85米高的混凝土建筑中，柯里亚巧妙地运用悬挑剪力墙的支持，创造出了大尺度的凹陷形空间，并把这种约二层楼高的空间用作修建花园平台，形成了很强的视觉冲击效果。实践证明，这种布置在建筑东西向的"空中花园"在居住单元与外墙间建立的缓冲地带，能够在获得当地主导风向的同时避免西晒，干城章嘉公寓也因此成为当今建筑界生态建筑的一个典范。

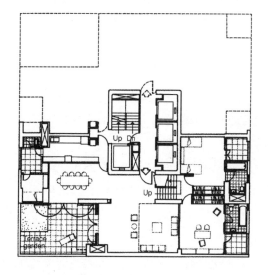

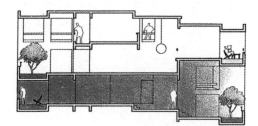

图 5-6 干城章嘉公寓

　　干城章嘉公寓成功地将平台、低层房屋的阳台和室外花园，运用到拥有多层高级套房的高层住宅建筑中。在有些学者看来，柯里亚完成的是一次对柯布西耶建筑作品的模仿，后者利用剖面的错层结构巧妙地营造出两层层高的起居室，同时使其他房间形成了较大的进深，这样做是为了避免夏季阳光直射进房间，却又能让起居室拥有比较充足的阳光，而在冬季，较低的日照角又能直射进房间。在干城章嘉公寓的设计中我们依然可以看到这种相似的两层层高的阳台和同样错层的剖面结构。

　　干城章嘉公寓产生在一个建筑师追寻流行的年代，KPF式的摩天大楼被复制于世界的各大城市，孟买也不例外，而它的出现改变了城市天际线单调的特征，独特的外形使建筑本身成为一道风景线。但是柯里亚的建筑绝不是拘泥于形式的标新立异，干城章嘉公寓最杰出的成就在于，它对于所在国家、城市的具体条件的关怀和对印度大众生活传统的详细考虑。与中国不同，印度是一个盛行东西方向季风的国度，在孟买，房间大多是东西朝向，在西面可以迎来从海上吹来的凉爽空气，东面的房间则可以欣赏城市的景观和建筑群，传统的住宅都存在一个问题，即西侧的房间在夏季容易受到雨水的侵袭（孟买的海洋性气候导致该地区的暴雨天气多于其他地方），在多层住宅上，传统的做法是在建筑外围设置连廊，这样做可以起到遮阳和避雨的双重功效，但是也使住宅公摊面积增加，并且将室内空间与室外空间完全分隔开来。柯里亚考虑了多方面因素，设计了通过剖面结构错层来营造出两层高的室外平台花园的做法，这样不仅起到了遮风挡雨的作用，同时两层层高的"阳台"又有利于室内通风和将室外景观引入室内，花园的植物则将热空气进行冷却再吹入室内，起到了自然冷却的作用。整个建筑虽然优化了通风、遮阳和降温的作用，但是却没有使用任何机械做辅助措施，并能有效地减小空调等其他电器设备的使用率，是一座真正意义上的低耗能建筑。另外，印度人习惯在夏季的夜晚选择到室外的屋顶去就寝，干城章嘉公寓提供给居住者一份属于自己的室外空间，来满足本地人的生活习俗，可见柯里亚在印度本土的人文需求方面的考虑也是体贴入微的。

　　干城章嘉公寓与其他高层住宅不同的地方在于对柯里亚自己的"对空空间"理论的应用。 对空空间可以简单地解释为开放空间（Open Space），它与我们经常说的公共空间是两回事，公共空间是相对于私人空间来说的，是一种关于领域的控制权和管理权的空间界定，两者都可以是开放空间，当然他们也可以走向另一端——封闭空间。其次公共空间本身需要有一个合理的界定，并不是所有空的、未被占用的土地都可以是开放空间（虽然对空空间似乎无处不在），停车场和杂物堆自然不能算作对空空间的范畴，只有通过几何原理限定其边界，继而模拟其立体形态，所产生的空间才是合理的对空空间。用柯里亚自己的话解释就是，对空空间是印度传统建筑不可或缺的一部分，由于气候的缘故，印度人自古以来便对天空（开敞的空间）有根深蒂固的联系。印度的拉加斯坦宫殿和莫卧尔城堡，通过建筑本身的通路与天空紧紧地联系在一起，他们独具特色的具有功能性质的顶部构筑物，正是一座伞状的凉亭，同时丰富了建筑的形式。不仅如此，柯里亚还认为印度乃至整个东方，人民大众的生活与开放的户外空间有紧密的联系。

　　柯里亚认为对空空间是任何具有活力的住宅建筑都应当具有的重要因素之一，是区别适合居住的空间和不适合居住的封闭环境之间的主要因素。另一方面，在印度这样一个土地资源紧张、人口密集的国家里，人们更希望有一片可以进行室外活动、交谈、休憩和劳作的私人场所，希望能在室内居住空间的基础上，获得更多的室外空间，而这也是建筑师需要解决的问题。所以在干城章嘉公寓中，柯里亚通过一个类似于室外庭院的空中平台得以创造出对空空间，使每一户房间都能够享受到穿堂风，又不必担心暴雨的侵袭。

　　柯里亚在住宅的设计与实施过程中，对于城市贫困人口的关注，是非同寻常的。他认为，城市需要向外不断的扩展，原来的乡村变成城市的一部分，农村人口涌入城市，给城市带来许多问题，而对于一名普通的进入城市的农村人口来说，这些问题变得更严重，并且他还要面对很快成为城市贫困人口的可能性。柯里亚想要考虑的是居住者的适应性和住宅本身的舒适性问题，对空空间成了最本质而有效的解决手段，这一手段使原先拥有较为合理的居住密度的居住者，能够重新获得相对合理的额外空间。柯布西耶说过："住宅是居住的机器"，以此来阐明功能对于建筑的重要性以及建筑的工业化。而柯里亚则在这方面更有着自己独到的见解。柯里亚认为，"住宅的一个重要参数是能源"，而建筑师要考虑的，除了依赖科学技术的进步来改善建筑的功能以外，还应当注意节能。柯里亚的解决方式是通过建筑本身的平面、立面、剖面和外形来产生出适应当时当地使用者需求的"控制方式"。柯里亚在此已经将自己的关于建筑节能方面的理论，故意区别于其他研究领域的西方理论，即拒绝使用建筑本身以外的附加构造和设备。柯里亚崇拜类似于伊朗风之住宅和格拉纳达的古代西班牙摩尔人诸王的豪华宫殿运用的看似简单而巧妙地处理手法，大师自己的作品中也时常引用诸如水池、庭院之类的元素，以自然、合乎逻辑的手法来处理好建筑与环境的关系。在柯里亚眼中，住宅就好比是一部处理建筑本身与环境各方面要素的机器，是为使用者进行合理服务的机器。

　　柯里亚的"对空空间"理论正是这部"机器"的一种运行手段，也正是以独特的方式解决建筑节能问题的关键，后人将他的理论成果和建筑作品归结到低技术节能的范畴，更多的原因是因为它在经济适用性方面的成就，这种成就衍生出一个都市化问题的解决方案。的确，柯里亚所做的是为了每一位印度人民，不论贵贱，不论贫富，他曾经花了很多精力来研究专为贫困人口设计的住宅模式，他也曾致力于呼吁重视印度快速城市化进程，由移民造成的都市化问题和积极研究解决的措施……在20世纪最著名的建筑师中，柯里亚作为一个第三世界国家的建筑师拥有不可忽视的一席之地，他的理论和作品对于世界特别是亚洲发展中国家更是适用。[①]

5.7 杨经文的作品

　　在许多建筑师的心中，马来西亚建筑大师杨经文的建筑已经成了"空中花园"的代名词。杨经文在1987年的《热带游廊城市——为吉隆坡提出一些城市设计理念》一文中，

① 李元，秦琴. 从干城章嘉公寓看查尔斯·柯里亚的对空空间 [J]. 山西建筑，2008（11）：51-52.

提出了尊重环境的城市设计理念。随后，在 20 世纪的八九十年代，杨经文提出了具有代表性的"生态建筑"理论，并在实践中将"空中花园"的理念与建筑技术结合，重新诠释了"空中花园"的概念，成为很多建筑师模仿的对象。

1. 自家的独立式住宅

这是杨经文在自家的独立式住宅（图 5-7）的设计中进行的生物气候学实验。这种做法和国际众多建筑设计大师做法相同，在面对一个全新的设计时，他们往往拿自己住宅作为开端，比如：盖里的自家住宅、安藤忠雄的自家住宅设计等。

图 5-7　杨经文自家的独立式住宅

在这个设计中，他从马来西亚的传统庙宇获得启示，庙屋有包括遮雨和阻挡入侵者的百叶等多层过滤设施。其设计理念是将房子的维护系统定义为一个"环境过滤器"，房子南北朝向保护了屋子的大部分地方免受太阳光的直射，并利用了常年的西南风。

杨经文的基本出发点是把这个建筑设计成一个"环境过滤器"，通过在独立式住宅的平屋顶上加一个伞状的百叶屋顶来达到遮阳、遮鱼、通风、纳凉的作用。他认为，热带建筑起的作用就像一把伞，在遮阳避雨的同时，让风穿过使人感到清凉。通过建筑设计引导主导风穿过水池降温，起到自然空调的作用。住宅内部还有一个空气通道，这条通道上三个控制空气流通的"阀门"是格栅、玻璃门、百叶，这些元素都可以根据当时的天气打开

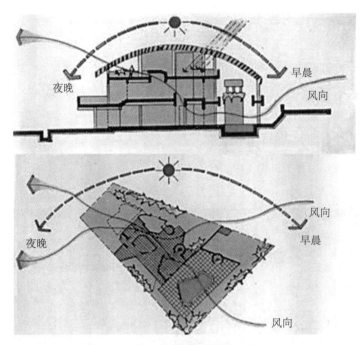

图 5-8　杨经文自宅的环境过滤器分析图

或关闭，以此调节建筑中的气候。从外形来看，并没有对马来民居进行建筑形式上的模仿，而是一座盖了一把"雨伞"的柯布西耶式的现代主义建筑（图 5-8）。

杨经文先生认为："这所房子给我的建筑理念提供了一个活生生的实践，这是把我的建筑理念应用在城市设计和高层设计的一个重要原型。"可见其重要性。

1995 年时，杨经文曾经这样自我评价："Roof-Roof House 是我的一次建筑实验，是我把生物气候学的理念变成现实生活的一次尝试。从 1984 年建成到现在，我已经住了 11年。目前的居住者除了我本人，还有我的妻子、孩子和佣人共四人。这所房子给我的建筑理念提供了一个活生生的实践，这是把我的建筑理念运用在城市设计和高层设计的一个重要原形。作为一次实验，这所房子成功完成了它的使命，从生活的角度，它满足了使用者的需要。"[1]

2. 梅纳拉大厦

梅纳拉大厦（图 5-9）是杨经文先生将生态气候学运用于高层建筑的代表作。设计理念是将绿化引入立面与空中中庭之中。绿化从地面层的土坡开始，在建筑的另一侧尽量往上延伸，而后，利用凹进的露天平台（作为空中庭院），绿化在建筑的表面盘旋而上直至顶层（图 5-10）。

---

① 吴向阳. 杨经文 [M]. 北京：中国建筑工业出版社，2007.

此外，还包括一些低耗能的设计特征：在温度较高的方位（如东西向），建筑立面都设有外伸的百叶窗，以此减少太阳光热对室内的辐射。没有太阳直射的方位（南北向）侧，采用无遮蔽式的大面积玻璃幕墙，以此提供良好的视野以及尽可能的自然采光。

电梯拥有自然通风、自然采光以及良好的外部视野，它们不需要特别的防火增压（成为低耗能休息厅），所有的楼梯间和卫生间也拥有良好的自然通风与采光（图5-9~图5-11）。

图5-9　梅纳拉大厦不同角度的形象

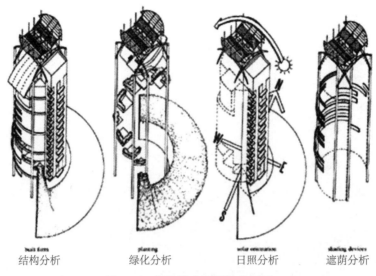

结构分析　　　绿化分析　　　日照分析　　　遮荫分析

图 5-10　梅纳拉大厦设计分析图

图 5-11　梅纳拉大厦细部处理

　　1995 年阿卡汗建筑奖评语：大胆设计了一个热带气候的高层建筑，其意义重大。它摒弃了普通办公建筑采用诸如玻璃幕墙结构的传统做法，诠释了一种新的建筑语言。它将部分结构置于立面之外，并沿建筑中心区域形成了螺旋形的交错式空间花园。它引发了建筑上的争论，在杨经文的建筑里，大众生活的世界与独具特性的信仰世界充分融合了起来。

　　杨经文在引领建筑的生态潮流的同时，也没有摒弃马来西亚当地的传统营造手法，比如骑楼、导风墙等。借鉴这些传统建筑的构成形式使得杨经文的生态摩天楼在借助高科技的扶持之外，也继承了传统建筑利用自然环境能源的优势，极具东南亚地方特色①。

3. 热带环保设计大厦②

EDITT Tower，也就是新加坡热带环保设计大厦（Ecological Design In The Tropics），是杨经文于 1998 年在热带生态建筑设计大赛中获奖的方案。

这栋大楼有 26 层楼高（图 5-12），但它最引以为豪的就是上面具有许多片太阳能板可以搜集能源，另外还有自然的通风设计，大楼四周也种满了植物作为隔热墙之用。这栋长满植物的摩天大楼，之所以如此设计是为了增加它的生物多样性，并借此可恢复当地的生态系统，增进绿化。EDITT Tower 的四周几乎都被有机植物包围，它可经由斜坡连接上面的楼层与下面的街道（图 5-13），这栋大楼也考虑到了未来的扩充性，有很多墙壁与楼梯都是可以移动与拆除的。

图 5-12 EDITT Tower 透视和鸟瞰图

图 5-13 EDITT Tower 的坡道和垂直绿化

---

① 吴向阳. 杨经文 [M]. 北京：中国建筑工业出版社，2007.

② 土木建筑在线：最绿的环保节能大楼 -EDITT TOWER. http://bbs.co188.com/thread-1645510-1-1.html

该工程设置的绿色空间与居住面积比例为 1∶2,其有机设计中特别重要的一点便是对周边建筑中植物习性的观测,这样才能确保所选植物与建筑能够和谐共存,而不至于与本土植物抢养分。绿色空间将从街口一直延伸到屋顶并与 26 层的 EDITT 塔楼有机结合,形成一种独特的表面景观。这种从平面空间向垂直空间的延展,通过街区商店与周边行人的活动进一步加强了(图 5-14)。

图 5-14 EDITT Tower 的透视图和模型

由于它位于经常降暴雨的城市之中,所以它也具有收集雨水与家庭废水的设计,用来灌溉大楼周边的绿色植物与作为马桶冲水之用,整栋大楼约有 55% 的用水都是使用雨水与废水,十分节省水资源。

而且它还具有以下的环保节能优点:

一、它具有 855 平方米的太阳能板面积,可提供全建筑物 39.7% 的能源;

二、有生物瓦斯(biogas)的生产设备,将排泄物经由细菌作用产生瓦斯与肥料,用于照明、烧热水、煮饭和帮植物施肥等;

三、它的建材将大量采用再生与可回收利用材料,甚至每一层楼也设计有资源回收的系统,可说是非常注重环保与绿化的大厦(图 5-15)。

最后来看看它的平面图,其设计十分符合人们居住,还有附设咖啡吧可提供休闲之用(图 5-16)。

图 5-15　EDITT Tower 的模型

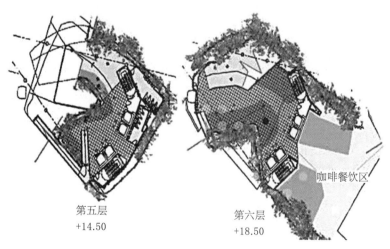

第五层
+14.50

第六层
+18.50

咖啡餐饮区

图 5-16　EDITT Tower 的公共楼层

6

国内外近期具有代表性的案例

6.1 澳大利亚悉尼"垂直花园大楼"

由法国建筑师 Jean Nouvel 设计的悉尼 One Central Park 第一期工程已竣工，这是 Jean Nouvel 在澳洲的首个设计作品。建筑包括两栋高度分别为 33 层和 16 层的住宅塔楼（分别为 116 米与 64.5 米高），由休闲平台相连，下面是一个购物中心、银行、餐厅和大型超市。建筑坐落于悉尼中心 Chippendale 区，占地约六公顷，附近是文化气息浓厚的大学城（图 6-1~图 6-8）。

One Central Park 的特色在于其悬臂结构，将作为空中花园（Sky Garden）从建筑东楼 29 层向外延伸，支撑起一个可以反射光线的定日镜系统，这是澳洲首次在住宅项目中使用这种定日镜设计，同时也是在都市环境中所使用的世界上最大的定日镜。

电动控制的定日镜相应地追踪光线并把它深深地往下反射到大楼的大部分区域以及公园绿地上，把太阳的能量带到光线照射不到的地方。到了夜晚，建筑上的绿植配合灯光艺术家 Yann Kersale 设计的灯光，通过 320 个 LED 照明灯的变化，塔楼呈现出色彩斑斓的梦幻景象，如同一座城市中的大吊灯。 Jean Nouvel 表示："他们传递了一个明确的信息：清洁的可再生的能源确实存在。在我们现今的时代，定日镜是大楼一种视觉化的表现方式。"

同时，One Central Park 也世界上最大的垂直花园覆盖大楼的表面。 Jean Nouvel 说："与其使用铝或是铁来遮蔽阳光，何不使用这些会吸收阳光进行生长，并逐渐增加遮阴面积的绿色植物呢？"于是他与"垂直花园"的创始者——法国植物学家 Patrick Blanc 合作，完成了塔楼立面上众多竖向花园的设计，外墙安装的植物由 190 种澳洲本土植物和 160 种外来引进植物组成，覆盖面积为 1100 平方米，并让绿意盎然的视觉感延伸到一旁拥有 64000 平方米的中央公园。同时 One Central Park 也是 Patrick Blanc 迄今打造的垂直花园中最高的一座。无水灌溉系统使之成为可能：无土的垂直植被覆盖物在种植袋中从墙上一直往上直达大楼顶部，所形成的绿色表面吸收二氧化碳，释放出氧气并提供节省能源的庇荫处。

Jean Nouvel 早在 2008 年就开始酝酿项目的概念设计，他表示："项目设计表达了一种概念，也就是植物生命和重新导向的阳光能够被用在新的方式上，以提高都市高层大楼生活的质量。有了'无水栽培'和'定日镜'两个技术的帮助，栽培和光线可以更好地管理，并且被扩展到之前无法抵达的区域。"[①]

---

① 豆瓣网：澳大利亚悉尼"垂直花园"大楼（One Central Park）. https://www.douban.com/note/512640478/

图 6-1 One Central Park 外观

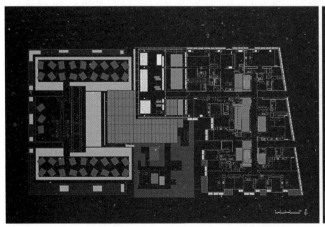

图 6-2 平面图和立面图

图 6-3　空中花园 1

图 6-4　空中花园 2

图 6-5　定日镜和花园

图 6-6   室外花园

图 6-7   定日镜外观

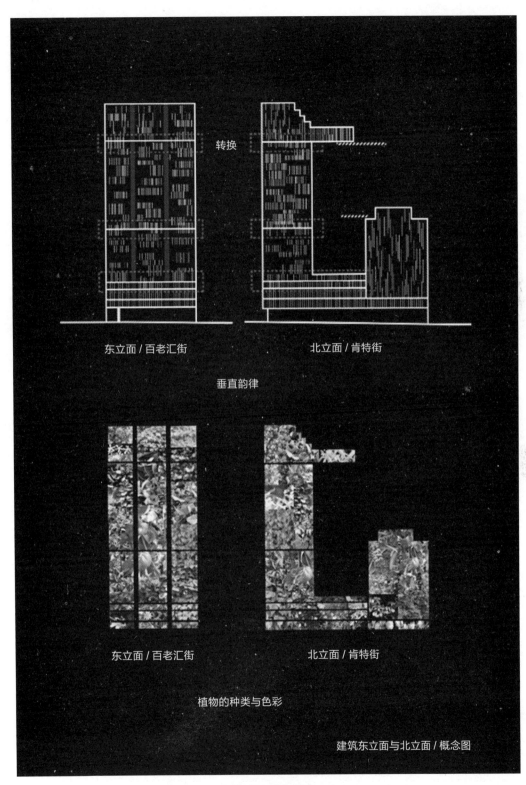

东立面 / 百老汇街　　　　　北立面 / 肯特街

垂直韵律

东立面 / 百老汇街　　　　　北立面 / 肯特街

植物的种类与色彩

建筑东立面与北立面 / 概念图

图 6-8　绿化意向

6.2 墨西哥错层空中花园住宅

这是 Meir Lobaton + Kristjan Donaldson 最近在墨西哥首都墨西哥城设计的 36 层居住建筑。该住宅设计方案在独户住宅和节地方面进行了取舍（图 6-9 ~ 图 6-17）。

该高层公寓提供了奢侈的带有后院的居住环境。在每一层都有花园，让建筑既能节约用地，也能达到舒适的条件，更重要的是，为家庭成员提供一个有吸引力的功能空间。

每层楼有一套 400 平方米的居住单元带有一个约 160 平方米的花园。上一层的单元相对下一层旋转 90 度。这样，花园总是位于上一层的悬挑之下。

错层移动的建筑手法可以给树木生长提供足够的空间。错层移动也兼顾了绿化，把结构和自然融合起来，而不是一个因素占主导地位，另一个因素是附加的。住宅的内部空间布局充分利用花园，构成了一个开放感觉的居住环境。

由于墨西哥城有地震地质，所以，旋转平面采用剪力墙和空腹桁架结构。[①]

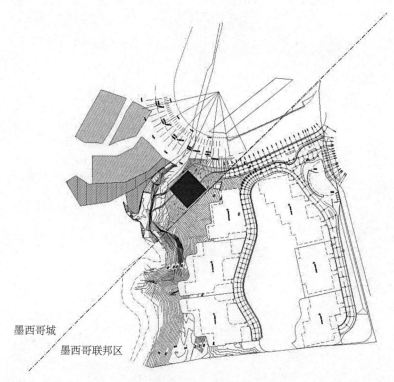

墨西哥城
墨西哥联邦区

位置：该建筑场地位于墨西哥城与墨西哥联邦土地的分界线旁。

图 6-9 总平面

---

① 马蹄网：错层空中花园住宅. http://www.mt-bbs.com/thread-291576-1-1.html

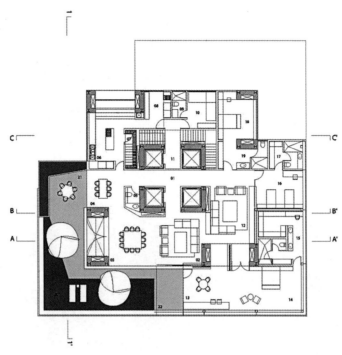

标准层建筑平面图：01 主入口 02 客厅 03 餐厅 04 早餐厅 05 洗手间 06 厨房 07 食品储藏室 08 保姆露台 09 保姆卫生间 10 保姆卧室 11 保姆入口 12 家庭室 13 工作室 14 主卧室 15 主卫生间 16 子女卧室 17 子女卫生间 18 子女卧室 19 子女卫生间 20 花园 21 露天餐厅 22 露天客厅

图 6-10 居住单元平面

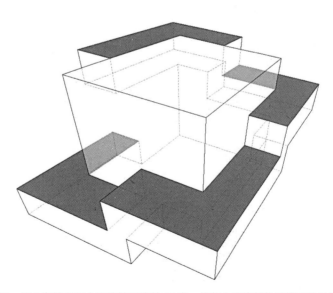

轴测图：该公寓楼在每个连续楼层旋转 90 度，使每个庭院都位于楼下的悬臂式的卧室之上。该公寓的螺旋式设计在每个花园之上创造了三层层高的空间，使公寓生活空间的光透射达到最大，并且为种植植物、树木创造了足够大的空间。

图 6-11 花园示意

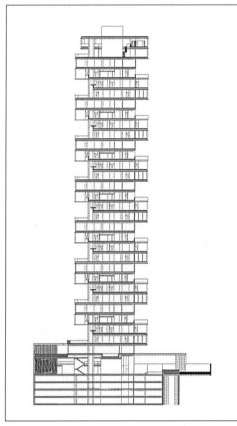

图 6-12　剖面图 A-A

图 6-13　模型外观

图 6-14　鸟瞰图

图 6-15　花园鸟瞰图

图 6-16　居住单元室内透视图

图 6-17　花园透视图

6.3 新加坡天空之城住宅

Sky Habitat 位于新加坡最好的居住区之一——碧山 15 街，由知名建筑师萨夫迪（Moshe Safdie）设计，由两座高 38 层的塔楼组成，两座塔楼用三座步行天桥花园连接，共包括 509 个单位，占地面积为 11997 平方米，拥有 2 层地下停车场和众多的公共设施。

Sky Habitat 改变了传统的设计风格，对大楼进行了尺度分解，形成由三维矩阵构成的三维立体住宅体系，创造了动态梯形结构和密集开放式花园，使得每户都拥有私人露台、阳台。

高层住户还可以享受到美丽的碧山公园绿化景观。地面上，宽阔的空间用来建造绿化公园、室外活动室、游泳池、小径，让住户充分享受他们的休闲时光。

葱郁垂直的绿化景观，结合自然采光、通风和宽阔的视野的绝佳地理位置造就了 Sky Habitat 这一新的碧山风景线（图 6-18～图 6-30）。[①]

---

① 畅言网：新加坡天空之城住宅. http://archcy.com/classic_case/gjshy/gw_jz/533e7a342a194ef2

图 6-18　Sky Habitat 外观

图 6-19　实景照片 1

图 6-20　实景照片 2

图 6-21 鸟瞰图

图 6-22　透视图 1

图 6-23　透视图 2

图 6-24　花园透视图

图 6-25　实景照片 3

图 6-26　实景照片 4

图 6-27　实景照片 5

图 6-28 空中花园

图 6-29 空中花园鸟瞰

图 6-30 住户单元

6.4 嘉里·海碧台 ①

　　嘉里·海碧台，一座如"梯田"般的建筑，坐落在秦皇岛金梦海湾绵延海岸线旁。由摩西·萨夫迪（Moshe Safdie）主笔建筑设计。项目占地面积约19万平方米，容积率2.35，绿化率35%。套型面积：一居室，57～149平方米；二居室96～226平方米；三居室161～327平方米（图6-31～图6-34）。

　　作为萨夫迪在中国的第一个成功实施的大型建筑作品，对于这位建筑设计大师来说，具有颇为特殊的意义。

　　建筑运用楼体镂空、堆叠式层层退台、天桥相连等元素，每一笔的精细描绘，使建筑与自然的海天景致深度契合。海碧台以其独特的建筑形态，让建筑、艺术与人居融为一体。同时，作品又能够与当地的精粹相呼应，充分利用当地的资源，与这个区域和谐地融为一体。在金梦海湾的核心位置，沿着东、西约1公里海岸线，萨夫迪大笔勾勒出单体直线长达671米的建筑，这在中国住宅建筑中绝无仅有。这个巨大的建筑体没有任何城市道路通过，完整而私密。

　　正是由于海碧台设计方案在国内居住建筑中独树一帜，创造出了奇特的海岸建筑景观，较目前国内的高层居住建筑有很大的突破，无疑具有很强的引领性。

　　正如萨夫迪在海碧台设计时认为：

　　"我们在这里力求创作出一种全新的居住类型，

　　一种全新的都市体念，

　　一种全新的宜居模式，

　　从而使高层居住建筑塑造全新的居住环境。

　　四十多年以前，

　　我们设计和建造了1967年蒙特利尔世博会中的Habitat'67，

　　其设计主题为'一人一花园'，

　　此设计在高层的居住环境中保持人与自然的联系，

　　我们希望把这种对城市和环境的思考也带给秦皇岛"。

　　关于城市和建筑，摩西·萨夫迪认为：首先，设计不能隔离城市和海岸的联系，正是创作了一系列拼合的住宅塔楼，"都市之窗"应运而生，通过这些"都市之窗"你可以看到大海。此项目傍海而居，总图设计规划也予以积极回应，一系列步行长廊和栈道沿海展开，美丽的步廊也是很多地中海城市的传统特征。其次，力图提供一个充满花园的住区环境，不仅给私人的住户，而且也提供给整个社区。住户自己的私家花园层层叠级而上，依

---

① 新浪网：D21中国建筑设计奖的博客. http://blog.sina.com.cn/s/blog_d0ff5ce30101b1xu.html

图 6-31　鸟瞰图 1

山傍海享受开阔的景观。在建筑的中间天桥和屋顶平台上则是空中花园。旨在高密度的住宅环境下仍然设计出自家独门独院的享受，不把它想成普通的公寓楼，而是自己的独立家院，享受空中街道和空中花园。每户都拥有双向或三向的景观，都尽可能拥有自己独立的空中院落和花园。

关于城市居住理念，摩西·萨夫迪认为：海碧台的创新性设计使得人们可以最大化地拥有自然景观，享用海边惬意生活。其在每幢楼打开一个 30 米宽、40 米高的"都会窗口"，实现每一座住宅的海景不受相邻座影响，共同拥有海景资源。

退台式的设计，除了在建筑外形上使得建筑物自下而上恍如天阶，也最大限度地保证每一层拥有最大空中花园。每一户享用带阳台或露台的海景房，令私属与公共花园景观彼此衬托，相得益彰。

而设计在 16 层的空中连廊，长 30 米、宽 16 米，连廊之上为空中花园，这不仅给建筑俯视时带来美丽的连接线，更给住户提供了一个公共交流和观景的平台。

室内，270 度全景落地阳台，实现对海景的一览无余。同时，部分户型为经典的复式设计，将别墅的豪华气派带入板式高层，尽情地享受海滨生活。这样精雕细琢的阳光花园式自然之宅，也许就体现了建筑的最高境界——建筑的美、自然的美、生活的美融

图 6-32　实景照片

合为一体。

　　关于建筑形态，摩西·萨夫迪认为：海碧台的设计构思在于深度契合海岸海景的流动盛宴，在层层退台的建筑形态和舒展灵动的居住空间上，充满创造性、前瞻性和舒适性，打造出一个充满活力的城市海滨高尚住区。

　　在建筑形态设计上，结合多重私人和公共空中花园，使住户的私人与公共空间相互映衬，勾勒滨海花园式自然之宅。

　　其退层式的特色建筑形态，让每层均拥有特大空中花园，其独特的外立面设计亦提供每户享有落地窗户、窗台或阳台，让最多的海景及阳光入户，让住户能与大自然更为贴近。自下而上形成一系列堆叠式退台，宛若天阶。露台外，清悠海风阵阵舒爽，海浪叩岸声声扣情。

图 6-33　透视图 1　　　　　　　　　　　　图 6-34　空中花园

6.5 纽约"垂直花园"摩天楼设计竞赛入围方案

　　总部设在马德里和巴黎的 IAD 工作室（Independent Architectural Diplomacy）公布了"饭店与空中花园设计竞赛"中的入围设计方案，该方案最终获得特别提名奖。位于纽约 Upper West Side 的这座 468 米的大厦有着各种开放式的空间。其所在位置非常优越，西边是哈德逊河，东边是中央公园、南边是市中心、北面是黑人住宅区，因此在设计上吸取了几个地标的精髓。

　　大厦有着垂直的空中花园，除了公寓之外还设有饭店、会议中心、商场等。在曼哈顿的城市架构当中，大厦成为又一道充满绿色空间的居住地。原先考虑过设计屋顶花园，但是共享的生态系统更加吸引人，于是一系列垂直的花园与中央公园形成了直角线的对应关系（图 6-35 ~ 图 6-38）。

　　大厦如同一座绿肺，有着自然光照和通风，可抵御不利的气候条件，同时还能够捕捉到可再生的能源。①

---

① 　百度贴吧：IAD 公布纽约"垂直花园"摩天楼设计竞赛入围方案. https://tieba.baidu.com/p/2657500174

图 6-35　透视图 2

图 6-36　鸟瞰图 2

图 6-37　空中花园剥离示意

图 6-38　空中花园放大示意

6.6 米兰的垂直森林

　　米兰是全世界污染比较严重的城市之一，Bosco 垂直森林项目旨在缓解城市化进程中的环境问题。这个设计由两个高密度塔式建筑、集成光伏及风能系统和树与植物组成的外立面组成。这些植物有助于吸收空气中的二氧化碳和灰尘，特别是在夏天，可以减少建筑的制热与制冷能耗，帮助降低城市的热岛效应。同时，这些植物还可以降低城市中的辐射和噪音污染。

　　两栋建筑分别高 76 米和 110 米，总共能够种植 480 棵大中型树木（9 米 /6 米）50 棵小树（3 米），11000 个地面覆盖植物和 5000 棵灌木（总共相当于约 15 亩即 10000 ㎡ 森林）。树木的类型是根据摆放在建筑立面的位置决定的，这个工作花费了植物学家两年去决定在不同气候状况下，哪些树木应该出现在建筑最恰当的位置。所有建筑上种植的植物都是专门种植的，事先栽培好以逐渐适应在建筑上的生存环境。植物将由建筑自身处理过的中水灌溉（图 6-39 ~ 图 6-49）。[①]

　　该项目是米兰建筑师、《Domus》前任主编 Stefano Boeri 构想的"BioMilano"（生态米兰）计划的一部分。这个计划设想在整个米兰城市进行绿化行动。他的愿景是逐渐把绿化元素加进各种都市大厦。这是一个"无需扩张城市范围，改善环境并且修复都市生物多样性的城市森林化过程"，在城市、自然和农业之间建立一种迫在眉睫的新关系。BioMilano计划的核心包括 60 块在米兰边缘地带的公有荒废农地，通过利用这些农地为社区制造食物并进一步增加农业、森林绿化和可再生能源整合，创造就业机会。

---

① 散文网：米兰垂直森林住宅赏析. https://sanwen.net/a/ratmvoo.html

2007 年，Stefano Boeri 访问迪拜时，看到当地玻璃高楼大厦林立，这促使他思考现实中高层建筑的另一种可持续方案。他的解决方法是设置有机的绿植外墙，这也成为"垂直森林"不可分割的一部分。"垂直森林"的两座塔楼的建筑立面上错落分布着悬挑的混凝土阳台，上面种满绿植，成为公寓住户的私家花园，保护室内居住空间免于噪声污染、粉尘、大风和阳光直射的影响。最小的公寓约 65 平方米，而最大的公寓户型为 450 平方米，其中包括约 80 平方米的阳台。建筑顶部设有太阳能光伏板，为建筑提供能源，并且设有废水回收系统，用于灌溉大面积的绿植。

结构设计方面，树木和泥土对建筑承重能力带来了巨大的挑战——数百株高度在 3 米到 9 米之间的乔木以及大量的灌木和绿植，它们被种植到高达 27 层的摩天楼花园阳台。建筑师和 ARUP 工程公司的工程师协力合作，完成了特殊结构的设计与施工。

因为阳台悬挑为 3.5 米，拐角处最大悬挑跨度为 7.5 米，建筑的楼板由高强混凝土建成，并采用无黏接后张拉预应力技术。这种方案承载和悬挑能力强，同时还能减小结构构件尺寸。由于特殊的阶梯式布局，悬挑板浇筑都是在自承重悬挑式脚手架上完成。

塔体的地基则是由普通的钢筋混凝土建成，简而言之，这种建筑物结构是相当传统的，在最大程度上降低了建筑成本，同时创新性地成为立面的解决方案。结构设计融合了多个技术满足项目特殊需求。例如，连接场地已有的地下隧道、通风井，综合考虑临近已有建筑、风荷载、气候分析、结构噪音、绿化稳定性以及与树木相关的设计荷载等方面，例如，针对地下轨道的影响，施工前已进行了振动勘测，以便量化现场振动性能，确定隔离需要。底部隔离系统包括采用螺旋式钢弹簧，将建筑结构浮于有弹力的成列构件上。

实现"垂直森林"的最关键元素就是绿色植物。景观设计师 Emanuela Borio 及 LauraGatti 负责植物的方方面面，其中的第一步，是植物种类的选择。"鉴于极端情形，在考虑建筑的美学效果之前，我们要先考虑植物的抗性标准，包括抗风的能力。屋顶的风非常大，不利于植株的修剪，还容易受到害虫的侵蚀。所以我们放弃了脆弱的植物，而选择那些容易培育，且能固定微小粉尘的植物，同时为了营造森林的视觉效果，我们选择了橡树、土耳其榛树、山毛榉和李子树。与选用的大量小型植物相比，这些植物在数量上其实并不少。"设计师说道。而后，设计师研究了植物的结构稳定性，分析了植物物种及其几何形状，并详细评估风力气候、风吸力、温度和湿度、水和营养素的供给以及树根如何在含有植物轻型基质的桶里生长等等。长成之后，树木会高达 9 米。尽管植物桶里的基质高度只有一米，树木长度还是各异的。最大的树可以在特别设计的 4~5 立方米的基质中生长。为了确保安全性，项目组进行了两组风洞试验。第一组风洞试验在米兰理工大学，利用 1∶100 的模型，估测了植被受力。第二组试验由佛罗里达国际大学在户外进行，该试验验证实植被上的受力。最后，根据分析和试验结果，项目采用了三种绿植的稳固装置：所有的植被都有弹性临时绑带，将根部固定至预埋在土壤中的钢网；所有中型或大型树木

图 6-39　垂直森林实景　　　　　　　　　图 6-40　空中花园

图 6-41　绿化种植 1

有一根安全带防止主干断裂、树木坠落，这样就防止了树木的过度弯曲，但仍然可以随风自由摆动；迎风处的大树有一个防护钢笼，固定根部位置，防止树木因风暴而连根拔起。与其他项目不同，"垂直森林"一项重要的准备工作就是让树木在特殊苗圃里生长，以确保它们从开始就生长在外墙的特殊环境中。除了树木的根系要依附于土壤生长，最后如何把它们移到"空中"也是一个极为关键的步骤。施工团队采用了一种特殊的帷幔，能给植物特殊的保护。运输过程要避免植物受到过多的震动。巨型起重机将植物升到所需的楼

图 6-42 绿化种植 2

图 6-43 绿化种植 3

图 6-44 绿化种植 4

层，阳台上的工作人员则小心翼翼地确保树木安全"着陆"。居民即使在购买公寓后，植物也并不是他们的财产和责任。因为这是"立面气候系统"的一部分，所以有专门的园艺团队根据维护协议照料它们。这些人会通过设置在屋顶的起重机自上而下地维护绿植。

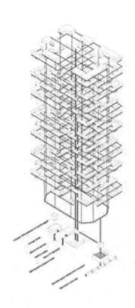

图 6-45 绿化种植区位图

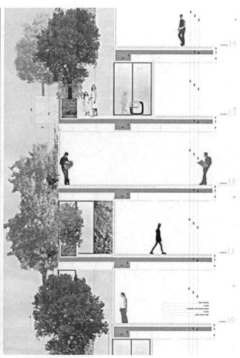

图 6-46 剖面示意图

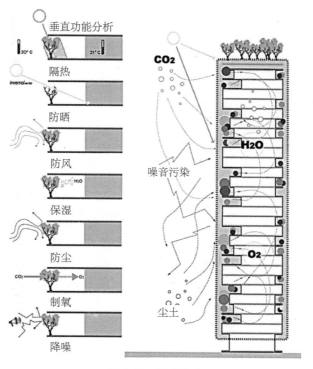

图 6-47 环境影响

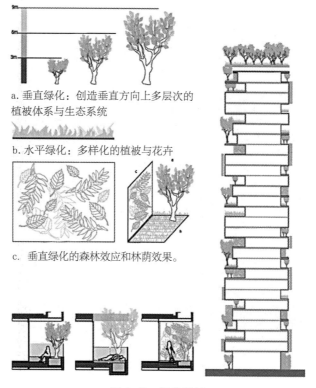

图 6-48 绿化种植

图 6-49　空中花园仰视图

6.7 荷兰鹿特丹的"城市仙人掌"

居住在公寓楼里的人们或许都有这样的想法，在自己的阳台上也能够拥有郁郁葱葱的大花园。现在，建筑设计师提出的"城市仙人掌"方案或许能够满足他们的愿望。在"城市仙人掌"方案中，建筑物的外观极为奇特。设计师为每一位住户增加了一个向外伸出的绿色户外空间，为毫无生气的建筑增添了大自然的元素。居住在这种住宅里的城市居民可以有机会在自己家中尝试种植一些自己喜爱的作物（图 6-50~图 6-51）。[①]

图 6-50　仙人掌住宅外观　　　　图 6-51　空中花园

① 花瓣网：荷兰鹿特丹"城市仙人掌". http://huaban.com/pins/58864776/

6.8 丹麦罗多弗雷的"空中村庄"

丹麦罗多弗雷自治市计划打造一种新型的居住城区，于是他们公开向所有建筑设计师发出了设计竞赛邀请。最终，荷兰MVRDV建筑设计事务所和丹麦ADEPT建筑设计事务所合作设计的"空中村庄"方案在竞赛中获胜。根据设计方案，"空中村庄"大厦将是一种多用途建筑，是一个集办公、居住、零售、生活 等多种功能于一体的全新都市生活空间。整栋建筑将由一个个立方体形状的格栅组成，每个立方体格栅围绕建筑的中心主轴而灵活分布，可以根据需要进行调整。它看起来好像堆积起来的积木，设计师们将它形容为一个"垂直村庄"。在这种全新的未来派建筑上，分布着许多平台式的空中花园。这样，人们即使居住在摩天大厦中，也有机会欣赏美丽的花园和绿色的草坪。除了这些之外，"空中村庄"还有许多生态友好型设计，比如污水再利用系统、能源生产设备等，而且建造这种建筑的混凝土也是一种可再生物质（图6-52～图6-54）。①

图 6-52　空中村庄外观

图 6-53　透视图

图 6-54　鸟瞰图

① 室内设计网：丹麦罗多弗雷的"空中村庄". http://mixinfo.id-china.com.cn/a-13633-1.html

6.9 美国的"纽约绿塔"

　　建筑设计的最大难点就是观念要走在公众之前。对于"纽约绿塔"来说，这栋建筑最显著的特点就是空中花园，这种空中花园的思想在今天可能被许多人认为是相当神奇的想法。但是，这个项目一旦通过审批并准备动工兴建，公众可能才会慢慢习惯这种思想。"纽约绿塔"由美国著名建筑设计师丹尼尔·利博斯金设计（图6-55～图6-57）。

　　丹尼尔·利博斯金近来发表了他的最新设计：号称将为纽约第一高楼的一栋高900英尺（274米）的摩天大楼，该楼主要由玻璃结构，其间包括54层的空中花园公寓，为主建筑提供阳台和绿化空间。空中花园目前在美国建筑中十分流行，因为人们可以在忙碌的工作之余，到花园里透透气，并和大自然亲密接触。

　　正如建筑师告诉纽约杂志的那样："我们不只是填补大楼，我们已经采取了空间距离从公寓创建花园"。"这就好像大自然回归的城市。"①

图6-55　纽约绿塔外观

---

① 畅言网：美国"纽约绿塔". http://www.archcy.com/focus/daily_focus/lc/868b26bf633fffb1

图 6-56　空中花园 1

图 6-57　空中花园 2

6.10 新加坡交织住宅复合体

"交织住宅复合体"方案由大都会建筑事务所的欧雷·斯科伦所设计，它不同于典型的新加坡超高层住宅建筑。这种"交织住宅复合体"是一种蜂窝式的结构，共包括31个积木状6层分体结构。每一个分体结构以特定的角度和方式搭建于另一个结构之上，这样可以保证所有的 6 层分体结构都可以接收到阳光和新鲜的空气。这种独特的设计产生的开放空间将用于建造城市空中花园，居民在享受城市生活便利的同时，还可以在其中种植大量的绿色植物和作物（图 6-58～图 6-61）。[①]

图 6-58　空中花园　　　　　　　　　　图 6-59　透视图

图 6-60　鸟瞰图　　　　　　　　　　图 6-61　仰视图

6.11　中国的城市森林住宅

清华大学建筑设计研究院推出了一种叫森林城市花园的建筑模式。

1. 告别鸟笼式建筑，把森林花园别墅建到 60 层

城市森林花园彻底打破了人与自然的隔绝，使得家家户户都能拥有一个两层楼层高、外挑六米、面积可达室内建筑面积 70% 的空中私家森林花园。

① 新浪网：积木豪宅 - 新加坡翠城新景 The Interlace.http://blog.sina.com.cn/s/blog_e802955b0102vr56.html

居民可以在花园中种树、种花、遛狗、养鸟，与大自然亲密接触，彻底告别鸟笼式居住时代。该模式通过别具匠心的设计，使得上下左右的住户，都无法看到对方花园中的生活状况，彻底解决了现有低层别墅无法避免的安全性和私密性不佳的问题。每家每户都可在喧嚣的都市中拥有一片绿色的私密空间，享受世外桃源桃园般的生活。该模式可把森林别墅建到60层高，让人们躺在浴缸里泡澡的同时就能欣赏到城市最美的夜景。

2. 别墅的品质，公寓的造价，人人住得起

这种创新的建筑设计，不增加楼房主体建造成本，每套房仅增加几万元的花园建造成本，即可建成与别墅一样的高品质住宅。居民仅以公寓的价格就可以买到位于市中心，且比别墅更加安全、私密的高层森林别墅。

不仅如此，该模式还适合酒店、办公楼等所有建筑。

这无疑是人类建筑史上一次历史性的革命，就如同砖瓦房必将替代茅草房一样，未来，城市森林花园必将全面替代传统的鸟笼式住宅，开启高层森林别墅新时代。

3. 节约土地，绿色环保，百益无害

该模式通过巧妙的错层设计，使得建筑的外墙空间得到充分利用，1000平方米的建筑占地，每层可带来700平方米的空中花园，仅需15层，即可带来十倍建筑占地的绿化空间，大大节约了稀缺的土地资源。

该模式建筑，外墙90%的面积被绿色植物包围，远观一个楼群如同一片森林，是城市的空中森林和天然氧吧。

在国家大力打造生态城市，发展绿色建筑的今天，这样的建筑无疑为都市人提供了最佳的居住方案（图6-62～图6-67）。①

图6-62　森林城市花园外观1　　　　　图6-63　森林城市花园外观2

① 雅兰空间视觉：别墅建到60层，可以在家种菜. http://mp.weixin.qq.com/s?__biz=MjM5NDc4NzIzM Q==&mid=2653039376&idx=1&sn=170aabae8eae432faae0fa3757 c1b83c&scene=2&srcid=050 83nlzORLnfwaZ2GIsd0nm&from=timeline&isappinstalled=0#wechat_redirect

单户私家花园庭院效果图
房间高度 3 米，花园庭院高度 6 米

图 6-64 住户单元
示意图

图 6-65 花园意向

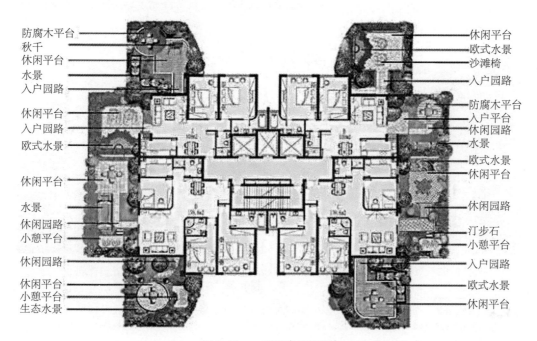

防腐木平台
秋千
休闲平台
水景
入户园路

休闲平台
入户园路
欧式水景

休闲平台

水景
休闲园路
小憩平台

休闲园路

休闲平台
小憩平台
生态水景

休闲平台
欧式水景
沙滩椅
入户园路

防腐木平台
入户平台
休闲园路
水景

欧式水景
休闲平台

休闲园路

汀步石
小憩平台

入户园路

欧式水景

休闲平台

图 6-66 一层四户平面图

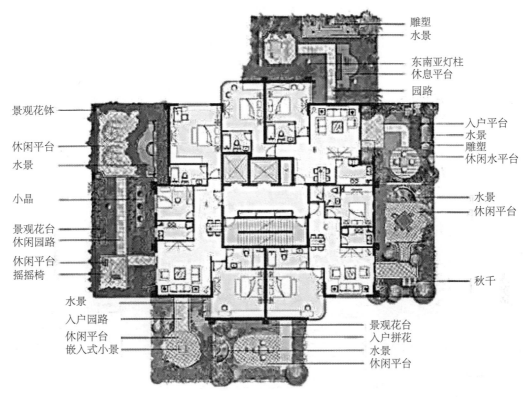

图 6-67 一层三户平面图

6.12 碧桂园森林城市

    建筑外墙长满植物，目之所及绿色围绕，便是碧桂园森林城市希望给人的印象。以多维度绿化生态理念为依据，将绿色植物与建筑物进行组合，错落排布阳台，充分利用地面以外的垂直空间和屋顶空间，全城搭建垂直绿化系统（图 6-68～图 6-71）。

    大面积的绿植能净化空气，调节城内气候，减噪防灾，形成人类与自然协调发展的宜居生态圈。于是在森林城市里生活就像住在花园里，目之所及都是森林。

    1. 增加绿化面积

    多维度生态景观摆脱了传统平面绿化在植物数量和种植面积上的限制，利用最小的占地面积，创造最大的绿化效果。

    2. 提高建筑能源效率

    森林城市建筑绿化墙体采用重量轻、保水透气性好、适宜植物充分扎根的特制培养基，有助于绿化效果的持久性。绿植可以保护墙体结构不受紫外线辐射和其他物理伤害，延缓材料老化、防冻抗暑、提高隔热性能。在灌溉方面，采用现代化技术，实现植物的自动灌溉和施肥，并采用特殊的种植工艺确保植物四季常青。

3. 美化城市环境

森林城市多维度绿化并不只是单纯地实现植物在垂直面上的种植，而是将不同色彩、尺寸的植物进行排列组合，让植物造型与建筑形态在空间设计上统一，构建出与周围环境交互映衬的视觉效果，让城市建筑更具艺术气息，实现城市建筑艺术表现的多样化。[①]

图 6-68 鸟瞰图 1

图 6-69 鸟瞰图 2

---

① 森林城市官网：碧桂园森林城市. http://www.forestcitycgpv.com/index.html

图 6-70　透视图

图 6-71　空中花园

7

中国联合工程公司
对花园住宅的探索

空中花园是一个新花园类别。它拥有地面花园所具备的部分特点，同时由于地处空中，从某种程度上来说更具独特魅力，令人倍感舒适和惬意。因此空中花园不仅是地面花园的替代品，称之为一种具有地面花园特点和特殊体验感的新花园类别一点不为过。

户内花园的研究和应用是时代的必然要求。首先在于户内花园的设计，具有量多、面广的特点，其之于社会的意义在于生态，之于住户的意义则是普罗大众的功用和社会心理的满足。这是一种城市高度集聚的必然结果，户内花园不仅是地少人多的中国需要，地广人少的美国、澳大利亚照样需要，是一种城市高度集聚后自然资源紧缺的结果。之于我们，还有一种中国传统文化情怀的渴望和追求，空中花园更具人文意蕴。

户内花园是一个具有挑战性的设计难题。它不仅牵涉每个住户的使用、喜好，也因为它量大、面广涉及整个大楼的形象。怎样把花园真正引入住宅而不是放大的阳台花园，使自己的卧室、客厅被花园所环绕，能在生活中体验到空中庭院长期、持续的功用和人文情怀，也即每户拥有一个合适的户内花园是难题但并非无解。纵观国内外经典的设计案例和方案概念探索，无一不是涉及户内花园的完美解决。

户内花园并非豪宅的标签。在花园住宅中，加拿大建筑师沙夫迪1967年设计的蒙特利尔市"Habitat"住宅面向的对象是中低收入阶层的社会福利（廉价）住宅，实现了"给每家一个花园"的目标；清华大学吕俊华教授在20世纪80年代提出的台阶式花园住宅系列设计和笔者在20世纪90年代末的"绿宅"方案设计（详见下文）也多是对小户型住宅实施空中花园的探讨。因此，我们应该走出只有豪宅才可以拥有空中花园的误区，小型住宅照样可以实现每家拥有一个花园的梦想。

中国由于在建设管理体制上长期采用简单化的容积率管理方式，在日益高涨的土地成本背景下，空中花园由于要占用计容面积指标，在严峻的房产市场下空中花园的建设受到严重制约。这或许也是我国缺乏具有鲜明特色的花园住宅的主要原因。目前稍具空中花园住宅特色的建成工程，也应该是开发商、建筑师、政府管理者付出艰苦努力的结果。笔者作为处于设计一线的建筑师，为了花园住宅同样"苦过他们的苦"，因此我国的花园住宅哪怕还留有很多遗憾，也足以让我们向他们致以崇高的敬意。

中国联合工程公司对花园住宅的探索是长期和持续的，目标就是让更多的人拥有梦想中的空中庭院，体验到传统花园生活的情趣。

7.1 "香溢·江南"

"香溢·江南"工程建设基地位于连云港市新浦区现黄海机械厂厂址区域，南接市区入口门户——郁海广场，东临郁州路，与连云港市新行政文教中心区隔路相望，用地西侧为城市景观干道——瀛洲路，路西为龙尾河城市景观带，地块北侧为近年建设的多个居住小区项目，居住、商业氛围成熟。地块向北沿郁州路和瀛洲路方向约五分钟车程内可以到达城市商业、文教、医疗及市政中心。

项目建设征地总面积约为12.94公顷，建设用地面积9.05公顷，其中A地块为居住用地（7.05公顷），B地块为公共设施用地（2.0公顷），项目A地块地上总建筑面积187924.58平方米，住宅总户数994户，地下总建筑面积34737.19平方米（图7-1）。

香溢·新地标A地块布置住宅、9班幼儿园和部分公建配套用房。建设东路将A地块划分为南北两个区块，南区布置18~27层高层住宅，北区则结合北侧已建住宅小区的日照要求设两排多层花园洋房，花园洋房西侧设9班幼儿园。沿建设东路两侧设提供

图7-1　总平面图

居民使用的医院、商区、金融、邮局等日常生活使用的配套公建。

建筑的生态性主要体现在建筑的内、外界面上。双层建筑界面——内界面为建筑功能空间，外界面为建筑的空中花园空间，"漂浮"在建筑自然体量之上，以改善建筑的生态环境（图7-2~图7-3）。

空中花园分两类。一种为常规的山墙上圆弧形花园，在平面上采用不规则的圆弧形错位设计；另一类为南向空中花园，此为该项目的空中花园设计精华所在。南向空中花园，结合电梯设计，是入户花园更是户内花园。大面积阳光灿烂的南向花园，对于寒冷的北方城市更为温馨；户内花园采用了部分错层设计，其意义在于既有通高的视野，部分规避了普通错层阳台私密性较差的问题；大面积空中花园，面积都在15平方米以上；部分垂直高度6米，很好地解决了客厅、书房室内采光和视野窄小的问题；空中花园一体化策略，打破常规将普通电梯外移置于南侧，将轿厢和电梯井的南侧改为玻璃，形成了低造价的类似观光电梯的功能，进而将住宅区公共中央花园、底层架空花园、户内花园形成了有机的整体。这是一种低代价且有效的花园住宅的营建方式（图7-4~图7-5）。

图 7-2　透视图

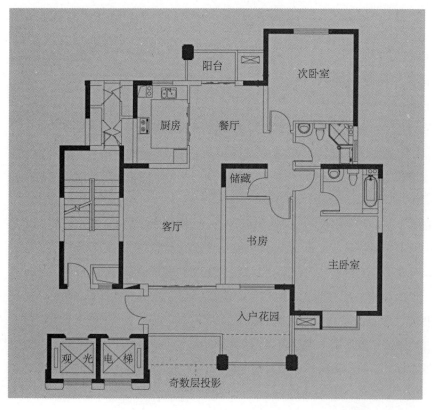

图 7-3　户型单元平面图

图 7-4 空中花园外观

图 7-5 空中花园

图 7-6 现代风格空中花园（设计：姜传鉷，陈瑶）

空中花园结构板面低于室内结构板面 120 毫米，以便于对整个花园的排水，花园花池覆盖 300 毫米厚种植土，种植土下层铺设一层土工布作为过滤层，过滤层下面是塑料板排水层，排水层下就是最比较关键的防水层，材料选用的是 4 毫米厚 SBS 的改性沥青防水卷材。

错层花园露台设计在西式新古典的风格立面中受约束较大，也有"千篇一律"之感。如果在现代建筑风格中设计错层花园露台，很多人会害怕立面比较乱，不宜控制。实际上只要错层露台组织得当，立面会别有新意。如图 6-19 所示的新加坡天空之城住宅，笔者也曾在浙江丽水市一工程中尝试过现代风格空中花园设计方案（图 7-6）。该工程的户型为"110+90+90+110"平方米，属于比较常规的一梯四户设计，立面设计上采用两层和三层错位花园露台交替结合的设计方法。

工程建设地点：连云港市，2011 年竣工；

建筑师：姜传鉷、郭晔、黄征、倪良荣、孙玮；

空中花园的设计方法：结合观光电梯的错位露台。

7.2 红楼之星

红楼之星位于桐庐县新区 49-1 号，大联路和阆苑路的交叉口北侧。东至鑫龙桂花苑，南临桐庐中学，西至县政府，北至大联村。规划总用地面积 35867 平方米，地上总建筑面积 53794 平方米。容积率不大于 1.5，建筑密度不大于 30%，绿地率不大于 32%，建筑高度限高 30 米以下。

户型设计时考虑空中花园的实施，大部分户型有两层通高的空中花园或入户花园，为住户提供了高品质的观景休闲空间，设计概念适度超前。

核心区大户型住宅阳台设计花园化，营造南向花园的露台效果，更大可能地接受阳光，又可享受露台部分不计建筑面积的实惠。实现了人们将花园引入住宅的梦想，形成真正的立体园林景观。入户花园与南侧客厅花园结合在一起，形成了空中庭院，让人们传统的"庭院情结"得以在空中延伸。住户可在户内花园摆放一些绿色植物和休闲物品，感受到人与自然的紧密接触，体验到绿色生态的居住含义，契合现代人对居住环境追求的需求（图 7-7 ~ 图 7-12）

以入户门为起点，当家庭成员回到家，一打开入户门，首先看到的是入户花园也是户内花园，同时花园里布置着通往各个房间的门，如果想进厨房，可以免去以往必须绕进客厅的烦恼。

该花园住宅的花园设计手法与上文所述花园设计类似，以住户每家拥有一个南向花园设计和营造空中花园一体化为目标。只是其设计标准更高，空中庭院意味更浓。

红楼之星花园住宅有两种标准。一种是一梯两户，每户一层高度，顶部每户两层高度；另一种是一梯一户，每户一层高度，顶部每户两层高度。顶部住户均有更大面积的退台花园，主卧室屋面设有透明玻璃天窗可看星星和月亮。

该工程实际上是建筑师与业主艰难沟通的结果。业主为一在杭州及外省均有庞大产业的成功企业家，回家乡投资原为回报桑梓，不曾想由于缺乏房地产投资经验，中标的地块即是所谓"面包贵过面粉"的地块，因此在设计之初，坚持在楼盘中要设计部分排屋以便平衡资金。笔者作为本项目的建筑师，认为地块偏小又有 30 米限高，如果设计部分排屋，其不利的后果是：一是排屋面积总量不会大，二是容积率很难保证，三是整个小区的空间环境也不会好。因此主张设计带空中花园的小高层住宅。业主最后在充分了解建筑师作品意图后，表达了两个意愿：一是同意改变产品设计，设计花园住宅；二是希望部分住宅在卧室的床上能看到星星和月亮。

工程建设地点：杭州市桐庐县，2008 年竣工；

建筑师：姜传铁，黄征，李志刚，杨辉，单春凤；

空中花园的设计方法：嵌入式电梯厅花园 + 错位露台。

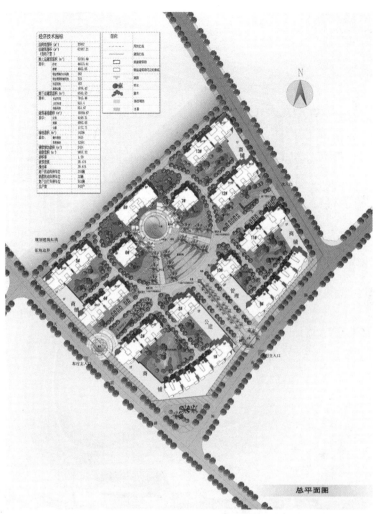

图 7-7　总平面图

图 7-8　透视图

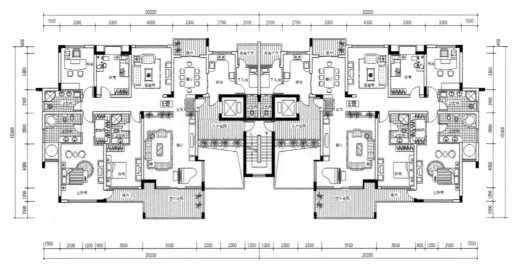

图 7-9　一梯两户户型奇数层平面图

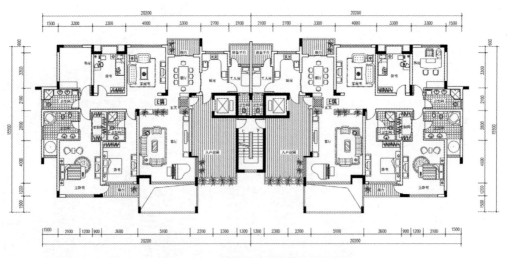

图 7-10　一梯两户户型偶数层平面图

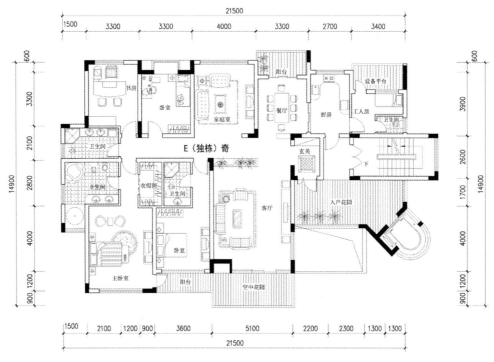

图 7-11　一梯一户户型奇数层平面图

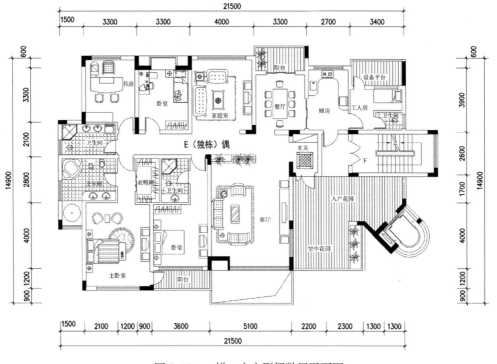

图 7-12　一梯一户户型偶数层平面图

7.3 "通策 钱江时代"

项目基地位于杭州市东南部钱塘江畔，东南临钱塘江滨江大道，东北为杭州市南大门钱江三桥，西北以新塘河为界，西南紧邻"天福花园"、"临江风帆"。基地面积为31941平方米，呈不规则条状，设计围绕"钱江时代"这一主题，将此项目定位于集居住、商住、生活服务、商业服务配套为一体的，展现钱江时代新的城市风貌的生态建筑园区。

项目特定的地理位置要求建筑的形象与尺度突破传统，从钱塘江和过江大桥的地理尺度去重新定义，需要在钱塘江边思考一种有别于以西湖风景为参照物的设计观念。项目以板式住宅为主，板式与点式结合，强调体量在水平方向的绵延，并要有足够的长度与钱江三桥相对平行，形成有收有放，逐渐叉开的态势，与桥上大流量的交通呼应，富有动感支向市区滑动伸展。[①]

通策·钱江时代建筑设计，以高度简洁的现代手法处理造型，整个设计都带有某种公共建筑的特征，以前所未有的态度提倡绿色，将环保意识渗透建筑科技，力求重现自然，同时赋予高层住宅新的理解，项目建筑设计具有鲜明的时代特征。围绕"城市性建筑"的理念，重新定义高层住宅，强调在高层居住中，重新塑造传统城市的氛围和社会文化特性。通过对中国传统文化与现代建筑艺术的融会贯通，将江南庭院元素搬到了空中，在二十多层的高层住宅上实现了合院住宅的感觉。独特的双层"盒子"结构设计、罕见的空中庭院花池、大面积的公共活动空间，带来高层住宅与自然声息相通的踏实感受（图7-13～图7-20）。

为了使业主在市中心高层住宅中也能体验到别墅生活才具备的园林感受，众多6米挑高空中庭院构筑空中市内住宅（TOWNHOUSE），使居者能够拥有城市高层住宅中少有的绿化资源以及邻里交流空间的再现。

"这是我的作品里最有意思的一个，与宁波美术馆那种不一样，它涉及一个大的社会群体，有极强的参与性。所以2000年中国实验建筑师在成都开会，我就说了这样一句话：'这个实验建筑如果最后不能让住在上面的人有所为，它就是一个真正叫作自娱自乐的建筑'。这其实是六幢近100米高的住宅，可容纳800住户，用200多个两层楼高的院子叠砌起来。每一户无论住在什么高度，都有前院后院，每个院子都有茂盛的植物。住在里面的人，将来可以站在地面上清楚地指出——在第几层的第几个院落种着一棵桂花树的就是我家。我认为，人对自己的确认是从家庭开始的，而现在的住宅模式则把这个给摧毁了，完全是另一套体系，我试图让住在100米高空的人也可以有住在地面二层空间的感觉。但

① 在库言库网：垂直院宅 - 杭州钱江时代. http://www.ikuku.cn/project/chuizhiyuanzhai-hangzhou-qianjiangshidai-wangshu

要注意，我做的并不是在空中挖个窟窿种棵树的所谓空中花园，我更关注的是其中社会性、社会学的问题，这是非常重要的关系居住的问题。"方案设计者著名建筑师、普利兹克建筑奖得主王澍如是说。

图 7-13　钱江时代外观

王澍说这个作品已经不是普通的住宅设计，而是在召唤一种业已逝去的居住方式，显示一种对土地的眷恋，验证一种理想。"我坚持以为，中国实验建筑活动如果不在城市中最大的建设活动——住宅中展开实践，那么它将是自恋而且苍白的。"

"实验性的核心，不是艺术性，而是对当下生活的一种积极地介入。这种介入可能是我一种相对'消极'的介入"——有批评者说王澍的态度是中国文人式的"退耕"、"回避"，"没有正面解决现代中国都市建筑面临的问题"——"但却是很坚定的介入，我试图恢复对普通人来说有意义的生活，而不是对一个艺术家来说有意义的生活。"

"住宅的整个立面看上去，相当于把传统的宅院平贴后立起来——城市的平面结构被转化成了立面。"但王澍又说，"这是建筑学里让人激动的地方，也是它危险的地方。因为，你可能会影响或启发了别人的生活，但你也可能糟蹋了别人的生活。这是一个专业化的时代，专业化产生的结果都是正负两面。我要强调，建筑师要对自己做的事情一定要有自觉性。"

这套住宅的开发商是个文化人，因此也能和王澍一起去验证这个居住的理想。它也许真的会成为未来城市人梦想传宗接代的"故乡"之所在。

"做这个工程之前，我跟开发商交流了将近两年的时间，从他一开始感兴趣到最后下决定。其实我最原始的想法更加激进，为了销售已经改变了很多。这个住宅比一般住宅的成本要高 1000 元 / 平方米，幸好现在杭州的楼市托得起。"王澍说，江浙一带私营经济力量巨大，藏富于民，他们试图对生活方式的延续、对文化信心的重建和对文化价值的重视，都给予了建筑师很好的创作空间。

"这个项目我会跟踪观察。很多现代人已经没有种树的习惯或兴趣了，有个这个可能性后会怎么办？树怎么种？想养鸡怎么办？……都是很有意思的。"

这也是王澍想通过建筑来解决的。"从日常生活出发，从每个人的个人心境出发，自然、自由地建造……我觉得如果出现这种情况，应该是建筑史上的黄金时代。现在这个是严重畸形的、严重膨胀的年代。所以我的这种社会责任，实际上是一种理想主义。我想影响更多人，不一定是专业建筑师，让大家都开始投身于关注自己的生活空间的建造问题。使之变成一种像群众运动的东西，这种运动应该是自发的、无组织的。"

住在通策·钱江时代，共享未来城市中心的完善配套，独享项目的七种独特配套，豪华大堂内置式门禁设置，实现完美的公共空间与私属领域的尊享；迷你高尔夫推杆练习场、北坡绿林、叠石景观水池、露天游泳池让生活更加贴近自然；将近6米的架空层配套以"迷你双层盒子"为设计主形状，在风格上与建筑的特色一脉相承，为居者的生活带来了极大的附加值。

工程建设地点：杭州市. 2009年竣工；

方案设计建筑师：王澍（中国美术学院）；技术设计建筑师：宋国强，王治学；

空中花园的设计方法：两层通高、上下错位的花园"盒子"。

图 7-14 鸟瞰图

图 7-15 透视图

图 7-16 空中花园透视图

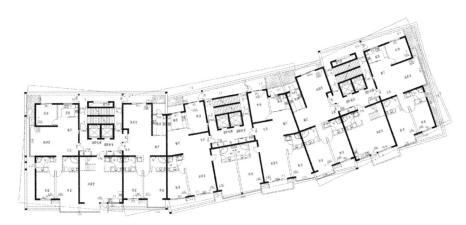

图 7-17 住户单元奇数层平面图

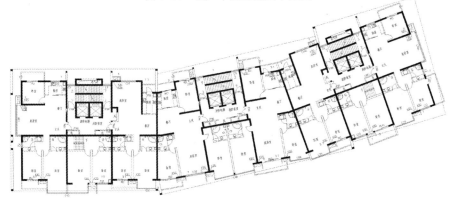

图 7-18 住户单元偶数层平面图

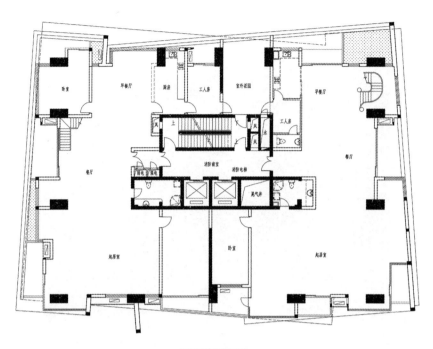

单元住宅奇数层平面图

图 7-19　塔式单元偶数层平面图

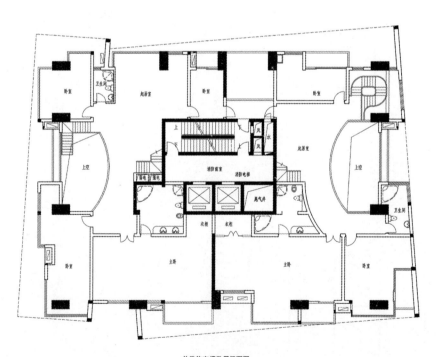

单元住宅偶数层平面图

图 7-20　塔式单元奇数层平面图

7.4 "绿宅"设计方案

笔者 1997 年以"绿宅"为题的设计方案参加了建设部主办的"迈向二十一世纪的中国住宅"全国设计竞赛，该方案以层层跌落的建筑形态和家家拥有一个花园的理念有幸在浙江省和全国获奖，评审专家有如下评语。

图 7-21　一层平面图

优点：1. 设计立意清楚，有创意。在普通住宅中创造出新的工作、生活环境。探索是有益的。

2. 方案除抓住住宅本身外，重点处理周边（组团）环境，并视为不可分割的整体，理念正确、思维清楚。

3. 住宅套型设计融入新的生活行为，如电脑工作间、健身环境、盒子卫生间、家务空间，厨房粗细操作分区，是很好的创作行为。

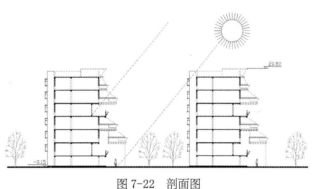

图 7-22　剖面图

4. 引入绿宅的概念，家家均有绿色平台，起居空间面向家居内院，创造了很好的庭院趣味。

5. 框架剪力墙结构体系，有利于创造多样的空。

问题：结构剖面有变异，需做深入研究，另外无烟灶应用成果尚需科学评估。[1]

评委开彦也认为"作者从提高住宅的舒适度出发，特别重视室外景观，内院景观，采用层层退叠的办法，创造空中花园"[2]（图 7-21 ~ 图 7-28）。

方案设计建筑师：姜传鉎，喻涛，陈东；

空中花园的设计方法：单向退台。

① 建设部勘察设计司. 全国优秀住宅设计作品集［M］. 北京：中国建材工业出版社，1999.
② 开彦. 未来住宅设计发展的探索——"迈向 21 世纪的住宅"竞赛评审有感［J］. 建筑学报，1999（06）：32-35.

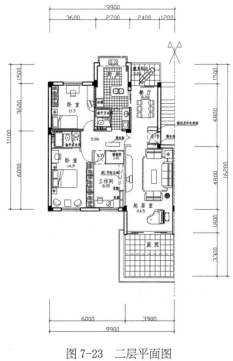

图 7-23　二层平面图

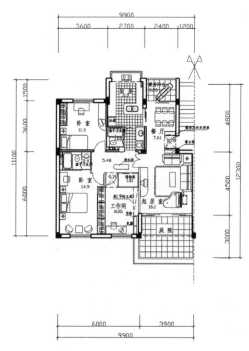

图 7-24　三、五层平面图

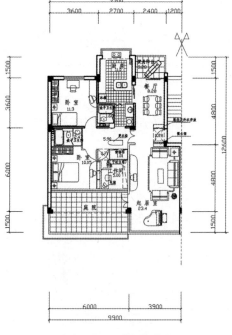

图 7-25　四层平面图

图 7-26　六层平面图

图 7-27　透视图 1

图 7-28　透视图 2

7.5 "风塔"——面向低收入居民的保障性住房规划及建筑设计解决方案

"风塔"方案为笔者 2005 年参加建设部、万科举办"面向低收入居民的保障性住房规划及建筑设计解决方案"的全国竞赛获奖方案。

主要针对保障性住房进行研究，从社会学和工程技术角度提出保障性住房住区规划、建筑设计观点，试图达到使其住区具有人文生态价值并实现高强度开发，结合政府土地政策扶植，切实降低限价商品房的价格，使之满足保障性住房的要求。

然而，中国社会居住的复杂性在于社会的贫富差距很大。富裕阶层可以在住宅市场上得到与自己需要相适应的住房；部分普通收入阶层通过房改、单位合作、集资等方式改善了住房问题；但既不富裕又无缘房改的阶层在房价越来越高的社会中处境尴尬，要么只能在城区内"蜗居"，要么就选择远离城区的保障房。远离城区的保障房在很大程度上是因为政府财力上难以解决在城区内建保障房的结果。

笔者在竞赛中结合杭州的情况和对规划形态的探讨，研制短板式大进深单体住宅（详见下文之"风塔"住宅）可较好解决提高容积率而又确保居住品质的要求，以较大幅度提高政府运用社会公共资源效率，实现城市高强度开发，提供品质、价格适当且具有人文生态价值的住区，惠及广大中低收入人群。

针对保障性住房特性之"风塔"住宅概念方案（图 7-29、图 7-30）。

基于中低收入人群居住问题的综合考虑，本方案试图达到以下目的：

1. 探讨小户型住宅多户组合，充分提高电梯效率。每层 5 户；35 层（100 米）采用 3 台电梯，每梯 58 户；28 层（80 米）以下采用 2 台电梯，每梯 70 户。基本处于每台电梯合理负荷（80 户 / 梯）上限。

2. 有效提高建筑使用系数，多户组合使用系数达到 81% 以上。

3. 充分利用南向，合理使用东、西向资源，以达到小面宽大进深而节约土地的目的。部分房间夏天东、西晒问题，在大面积采用外墙外保温的杭州市，热工性能可以得到很大的改善，而东、西向窗夏季太阳辐射则可以利用阳台上外挂金属百叶遮阳帘，很容易得到控制。

4. 利用巷道式通风。凹口每层用隔板上下隔开，形成"巷道"，使每户均有三个以上通风面，有良好的自然通风，并大幅度减少上、下住户废气交叉干扰。

5. 强调立体绿化。变消极的凹槽空间为充满生机的绿化空间（观赏型，非走入式）。

6. 卧室区大空间结构，确保使用上的灵活性。

7. 双厅模式，更好适合现代生活。

8. 小型双卫设置，体现使用上的方便性。

9. 体现以"户"为元素的模块化设计理念，可以有较多种的组合方式。"户"模块的尺度有一定的弹性。

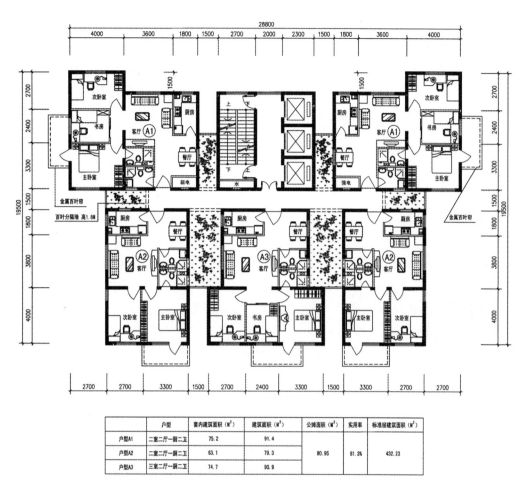

	户型	套内建筑面积（M²）	建筑面积（M²）	公摊面积（M²）	实用率	标准层建筑面积（M²）
户型A1	二室二厅一厨二卫	75.2	91.4			
户型A2	二室二厅一厨二卫	63.1	79.3	80.95	81.3%	432.23
户型A3	三室二厅一厨二卫	74.7	90.9			

图 7-29　单元平面图

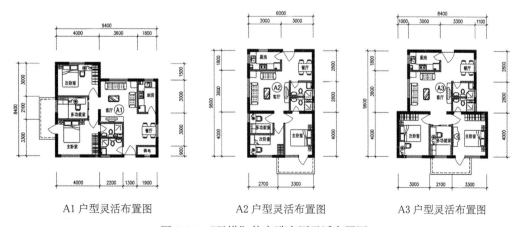

A1 户型灵活布置图　　A2 户型灵活布置图　　A3 户型灵活布置图

图 7-30　"风塔"住宅卧室区灵活布置图

“风塔”方案或许不是一个典型的花园住宅的案例，它的花园结合杭州当时不计入计容面积的计算规则，只能设计为观赏型、非走入式的花园，因此是空中花园，但不是户内花园。它的设计出发点当时还考虑到高容积率住宅居住人群的卫生问题。健康住宅至今没有明确的定义，一般的理解应包含物质性和非物质性两方面的要求。杭州作为四季分明、夏热冬冷地区，自然通风具有多重功能，显得尤其重要。杭州住宅由于是以高层住宅作为主要居住模式，交通面积公摊的制约使得小户型住宅一般只能在一梯三户或四户的中间套实现。这种户型存在着两个明显的缺陷：一是通风不好；二是受面宽的限制，卫生间、厨房只能向深凹槽开窗，使得废气在凹槽积聚，不易排放，对住户交叉影响过大。这两大缺陷始终是个困扰居住舒适性的难题，直接影响到住户的居住品质和生理健康，其不利的后果或许与 2003 年“非典”时期香港“淘大”花园事件一样严重。“风塔”住宅力图解决这一难题。方案将所有的凹槽前后贯通，并在每层用隔板将厨房、卫生间的排气上、下隔开，形成“巷”道。采用“巷”道的方式在于加强住户的自然通风，最大限度降低交叉影响问题。自然通风除此功能外，尚可以在炎热季节给人带来舒适感，尽可能缩短人工空气调节天数，达到减低能源消耗的目的①。

“风塔”方案空中花园的设计主要利用了传统住宅的用于卫生间、厨房通风排气的深凹槽空间并打通。适当调整尺度可以形成比较合适的花园并可以用于每户单独使用，变消极空间为积极空间，可以将单调的空间变为令人留恋的户内花园。

方案设计建筑师：姜传鉷，孙玮；

空中花园设计方法：整合凹槽，变消极空间为积极花园空间。

7.6 日本住宅设计竞赛

太阳花塔方案是参与 2013 年的第 48 届“中央玻璃国际建筑设计大赛”的作品，本次大赛的主题是 Bring the Urban Environment into Architecture（将都市环境融入建筑）。

方案的考虑出发点在于：1. 城市高度发展后，街区反而被道路隔离于城市环境之外，街道已经异化，不再是纯粹意义上的街道，道路仅仅是汽车的通道；2. 被“隔离”的街区必须注入城市的功能，方能便于居住者的生活。因此太阳花塔方案，不仅是一个有活力的城市组成部分，而且是一个具有部分城市功能的生活综合体。太阳花塔为其住户提供居住空间的同时还提供各项配套设施包括健身房、游泳池、饭店、超市和最大化

① 姜传鉷，孙玮. 基于人文生态观点的中低收入人群住宅规划及建筑设计解决方案——以杭州市为例［A］. 万科企业股份有限公司. 人宅相扶 和谐共生——城市中低收入人群居住解决方案获奖作品集［M］. 广州：广东旅游出版社，2006.

利用空间的立体车库。

建筑形态取自太阳花的形象，塔楼与自然景观相融合，为其所在的城市带来一阵自然之风（图7-31～图7-36）。

塔楼中的每个居住单位都拥有自己的空中花园，在为住户提供方便现代化的生活之余也为其提供了一份郊区才有的悠闲惬意。

空中庭院的设计方法为居住单元水平方向互相分离，垂直方向上、下层错位布置。空中庭院的形式为拥有三个方向视野的270度空中花园。

太阳花塔拥有一个从低端到顶部的坡道，让住户可以骑车、滑板甚至跑步回到其居住的楼层。

太阳花塔花瓣形的居住单元设计提供最优化的自然采光。半圆弧型的花瓣排列、使得即使是最北面的单位，仍然能享受到从南方射来的阳光。

方案设计建筑师：姜传鍈，孙玮，高雅；

空中花园的设计方法：居住单元水平方向互相分离，垂直方向错位布置。

图7-31　透视图

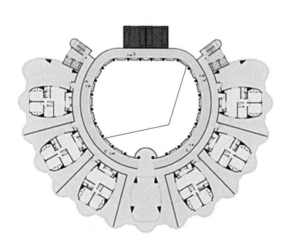

图7-32　太阳花塔奇数层平面图

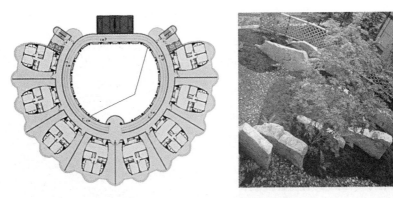

图 7-33　太阳花塔偶数层平面图

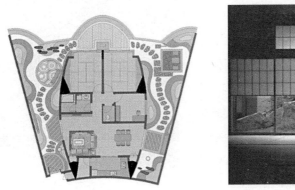

图 7-34　住户单元平面图

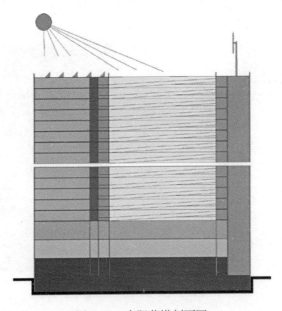

图 7-35　太阳花塔剖面图

图 7-36　太阳花塔轴向剖切图

7.7　全视野花园住宅

以地面花园形态而言，别墅花园视野为四个方向，四个方向的花园可以通过步道环通，可以称之为 360 度花园；以此类推，双联别墅或排屋端部的花园为三个方向，三个方向的花园可以环通，为 270 度花园；排屋（端部除外）花园只有两个方向，且两个方向的花园不能环通，姑且称之为 180 度花园。如此而论，一般住宅的大阳台或错位露台，至多可以称之为 90 度花园。地面花园形态的分析可以为空中花园设计提供一种借鉴和努力的方向，即使是普通阳台或错位露台，只要设计得当，也可能会达到类似 270 度花园或 180 度花园的韵味。作为建筑师，设计空中花园的重点在于考虑：1. 部位；2. 面积；3. 视野方向；4. 形态。

该设计方案原拟为笔者一批不喜欢郊外别墅生活或在城区内准备改善居住品质的朋友定制的一个方案。目标在于提供一种设计合理，具有生活舒适性，自然通风良好，拥有360 度景观视野范围的全视野花园住宅（图 7-34～图 7-36）。

现有的花园住宅就每户而言一般为设置南、北、东或西等某个方向的阳台作为空中花园，不够合理之处在于：视野范围较小、舒适性较差、室内的自然通风不理想。

全视野花园住宅的户型设计特点是：每个楼层中将交通、保姆房、设备平台整合为辅助功能核心筒居中。将居住单元分布在辅助功能核心筒的两侧并适当分离。居住单元的四周设置有一圈平台。由于居住单元的四周设置有一圈花园平台，使得本户型具有 360 度的视野范围，能够达到全视野的目的。在餐厅、客厅均能通过不同方向的大玻璃窗看到春花夏绿秋果冬雪，体验到"苔痕上阶绿、草色入帘青"的别墅花园生活韵味。

保姆房与主人居住区域的分离也为家庭的私密生活提供了更好的保障，同时这种若即若离的关系又能保证家务服务的方便和及时。

全视野花园住宅可以用于 18 层以上的住宅。户型可以设计为平层住宅（图 7-34 ～图 7-36），更合适于跃层住宅（图 7-37 ～图 7-41）。

作为拥有 360 度景观视野范围的全视野花园住宅的补充，还可以设计成一种拥有 180度景观视野范围的花园住宅（图 7-38 ～图 7-39）。

方案设计建筑师：姜传镤；

空中花园的设计方法：整合辅助功能核心筒，分离居住单元形成多方位花园平台；

方案设计已获得专利授权；

名称：一种全视野花园住宅；

专利号：ZL201220554513.3；

专利权人：中国联合工程；

授权时间：2013 年 6 月 12 日。

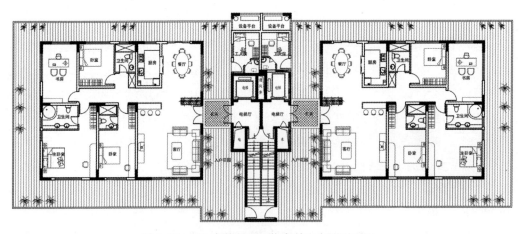

图 7-37　360 度花园平层住宅单元户型平面图

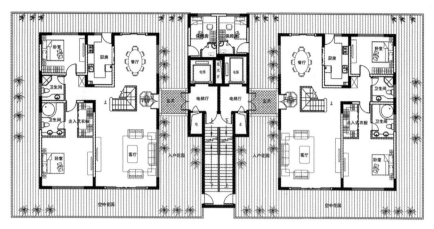

图 7-38 360 度花园复式住宅单元底层平面图

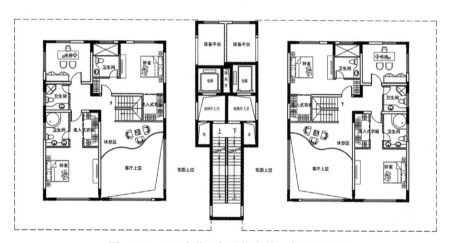

图 7-39 360 度花园复式住宅单元上层平面图

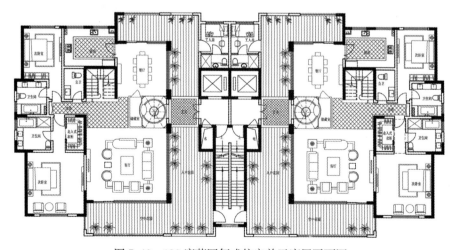

图 7-40 180 度花园复式住宅单元底层平面图

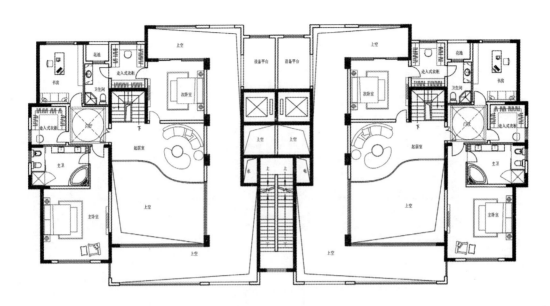

复式单元住宅偶数层平面图

图 7-41　180 度花园复式住宅单元上层平面图

7.8 河南漯河花园住宅

　　该项目为公建项目，但是业主要求提供一种住宅产品。由于地块容积率很高，所以在产品设计时采用花园住宅形式在花园面积方面没有限制，因此，该项目给我们营造空中花园提供了良好条件（图 7-42～图 7-45）。

　　该项目平面有两种形态：一种是多单元连接的住宅空中花园，每一户占两层，花园是南、北花园，南向花园结合电梯入口设置。该方式使得每一个花园高度高，视野好，不足之处是南、北花园需经过室内连通，花园形态为 180 度花园。另一种为单一单元住宅中的平层花园，花园方式为南、北、中花园连通，花园无须经过室内连通，花园形态为 270 度花园。

　　空中花园的设计在技术上采用了"一种全视野花园住宅"（专利号：ZL201220554513.3）的专利技术；在理念上则是借鉴了中国传统四合院的精神进行设计，人员从电梯厅出来后，先经花园再进入室内，类似于从外部空间先经过院门，再通过庭院，最后进入室内，具有四合院的体验感。空中花园设计的好处在于，住户在客厅、餐厅中能体验到周围花园植物的生长，具有地面花园的体验。

　　方案设计建筑师：姜传鉥、李志刚、孙玮；

　　空中花园的设计方法：1. 结合南向电梯入口，形成双层高度南北花园平台；

　　2. 整合辅助功能核心筒，分离居住单元形成花园平台。

图 7-42　透视图

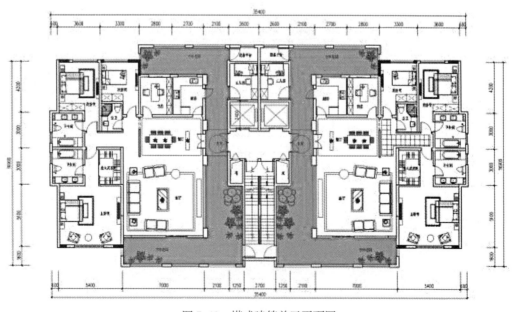

图 7-43　塔式建筑单元平面图

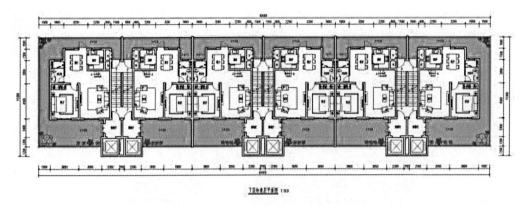

图 7-44　板式建筑底层平面图

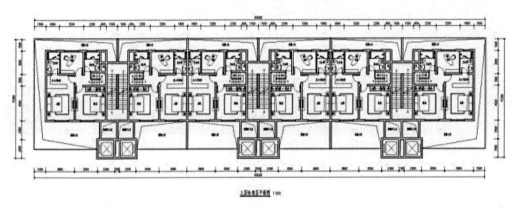

图 7-45　板式建筑上层平面图

7.9 高层独户花园住宅

　　设计方案是基于目前"豪宅"面积越来越大的现实，提供一种具有空中庭院的高品质住宅解决方案，特别是用于超过 18 层的一层一户高层住宅中（图 7-46）。

　　住宅户型设计的特点在于：1. 抓住独户花园住宅的独户特点，采用两部楼梯分别布置在高层独户花园住宅的两侧尽端，并结合在楼梯口分别设置阳台的技术手段，来解决超过 18 层的一层一户高层住宅楼梯必须要有防烟前室的技术问题。正由于是独户花园住宅也即每层只有一户的特点，阳台既起到防烟前室的作用，又可以被本层唯一的住户作为阳台使用而不被他人干扰。节省了住户的公摊交通面积，提高住宅户型的面积利用系数。2. 一般豪宅层高比较高，假如以每层 3.5 米为例，设计时将书房和客厅利用奇、偶数楼层进行互换，适当降低书房的高度如按 3.0 米设计，则客厅的高度就可以达到 4.0 米层高，可以在平层的住宅中达到高厅的效果。3. 由于是每层一户的住宅，因此电梯和花园结合在一起，将电梯门开向花园，变单一的交通空间为带有电梯厅功能的空中花园。4. 方案设计时没有将全部卧室放在南侧，而是将间电梯厅和书房等布置在南向，似乎有违"常理"。实际上正是由于是豪宅，其居住习惯有别于一般住户。一般而言，豪宅仅仅是为主人及其未成年子女或成年子女偶尔回家时使用，其成年子女或其父辈等一般以单独居住、生活的居多。因此反而是花园电梯厅和书房等是住户家庭使用频率最高的功能空间。

　　方案设计建筑师：姜传銇；

　　空中花园的设计方法：结合电梯形成嵌入式花园 + 错层式花园露台；

　　方案设计已申请专利；

　　名称：一种高层独户花园住宅；

　　专利号申请号：201620843333.5；

　　申请人：中国联合工程；

　　申请时间：2016 年 8 月 5 日。

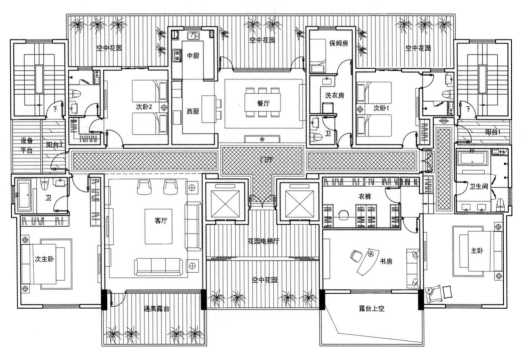

图 7-46 住户单元平面图

7.10 退台式花园住宅

目前退台式花园住宅一般是通过设计上、下层建筑的不同进深来达到目的，每层的户型均不一样，而过长或过短进深对住宅功能的合理性影响较大，因而目前退台式花园住宅一般只能建到六层以下（图7-47～图7-53）。

退台式花园住宅在社会上接受度较高，因此作为一种探索，笔者结合市场需求，设计了针对中小户型面积标准的退台式花园住宅方案。

方案采用中央交通核心筒加两户住宅环绕设计，适用11层以下住宅。中央交通核心筒由楼梯和电梯组成，电梯位于楼梯南侧，中央交通核心筒位于北侧，两户住宅分别布置在中央核心筒东、西两侧，两户住宅形成"凹"形布局，凹口朝北。东西两侧住宅面积大小可以不同，东、西两侧住宅可以每户占一层，也可以每户设计成两层高。中央交通核心筒布置在凹口内，呈南北向布置。东、西开口可以分别布置东、西侧住宅从二楼或三楼直接通向地面的每户独用的楼梯。

户型设计的特点是：由于整体平移，平移的住宅功能不会产生变化，因而在设计时可以保证其功能的合理性。由于每户均向北侧平移，加上下部住宅的阳台上盖，可以形成较大的花园平台。由于东、西开口可以分别布置东、西侧住宅从二楼或三楼直接通向地面的每户独用的楼梯，因而第一层、第二层或第三层均可享受带地面花园。顶部东、西侧住宅可以从户内布置直通屋面的楼梯，可享受屋面花园。

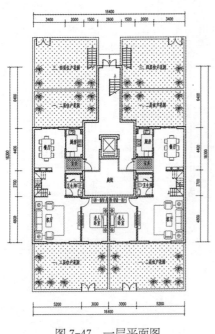

图 7-47 一层平面图

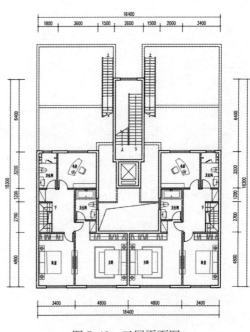

图 7-48 二层平面图

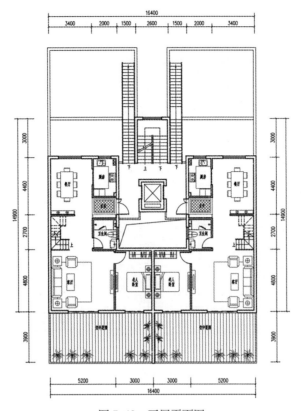

图 7-49　三层平面图

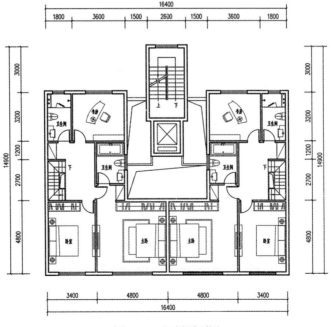

图 7-50　四层平面图

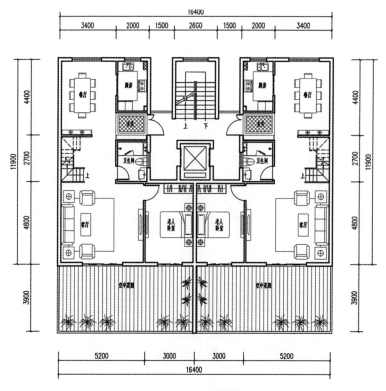

图 7-51　九层平面图

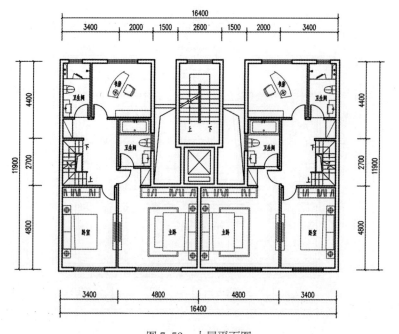

图 7-52　十层平面图

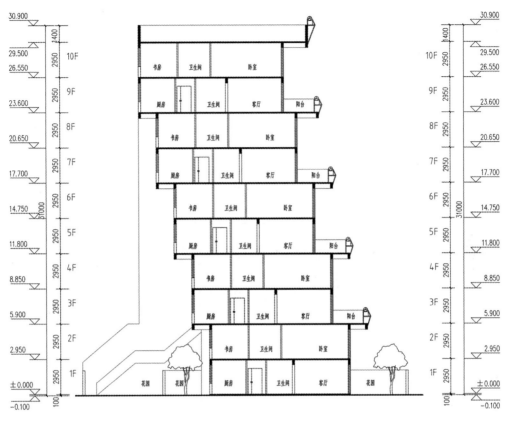

图 7-53　剖面图

方案设计建筑师：姜传鉎；

空中花园的设计法：地面、屋顶花园＋单向退台；

方案设计已申请专利；

名称：退台式花园住宅；

专利号申请号：201720342800.4；

申请人：中国联合工程；

申请时间：2017 年 4 月 1 日。

参考文献
REFERENCE

著作图书：

1　芦原义信. 外部空间设计［M］. 尹培桐译. 北京：中国建筑工业出版社，1985.

2　约翰·奥姆斯比·西蒙兹. 21世纪园林城市. 刘晓明等译. 沈阳：辽宁科学技术出版社，2005.

3　克莱尔·库伯·马克思，卡洛林·弗朗西斯. 人性场所［M］. 俞孔坚，孙鹏，王志芳等译. 北京：中国建筑工业出版社，2001.

4　杨·盖尔. 交往与空间［M］. 何人可译. 北京：中国建筑工业出版社，1992.

5　里查·萨克森. 中庭建筑——开发与设计［M］. 戴复东译. 北京：中国建筑工业出版社，1990.

6　张祖刚. 世界园林发展概论［M］. 北京：中国建筑工业出版社，2003.

7　香港日瀚国际文化有限公司. 深圳特色楼盘2003［M］. 天津：天津大学出版社，2003.

8　张道真. 建筑防水［M］. 北京：中国城市出版社，2014.

9　吴向阳. 杨经文［M］. 北京：中国建筑工业出版社，2007.

期刊：

1　李振宇. 欧洲住宅建筑发展的八点趋势及其启示［J］. 建筑学报，2005（4）：78-80.

2　吴钢. 居住在自然和风景中［J］. 建筑学报，2002（3）：5-6.

3　赵冠谦. 住宅空间的健康性［J］. 建筑学报，1994（10）：5-6.

4　黑川纪章专刊［J］世界建筑，1984（6）.

5　熊健. 邻里型高层住宅交往空间初探［J］. 新建筑，2002（2）：62-64.

6　佟裕哲. 居住文化精华的继承和延续［J］. 建筑学报，2005（4）：8-10.

7　叶伟华，王杨. 建筑底层架空式开放空间设计初探［J］. 新建筑，2001（6）：55-58.

8　严育林，李文驹. 交往的发展—单元式集合住宅入户过渡空间的探讨［J］. 华中建筑，2004（2）：6-8.

9　陈娟，许安之. 我国南方花园住宅设计研究［J］. 新建筑，2005（3）：65-68.

10　刘华钢. 广州的高层花园住宅［J］. 建筑学报，2006（4）：75-78.

11　熊健. 邻里型高层住宅交往空间初探. 新建筑，2002（2）：62-64.

12　邱强. 高层住宅中的空中花园［J］. 四川建筑，2010（06）：49-50.

13　赵瑾. 论住宅"空中花园"的设计理念. 科学之友［J］，2007（10）：243-244.

14　黑川纪章. 日本的灰调子文化［J］. 世界建筑，1981（01）：57-61.

15　吕俊华. 台阶式花园住宅设计系列［J］. 世界建筑，1986（01）：44-45.

16　李元，秦琴. 从干城章嘉公寓看查尔斯. 柯里亚的对空空间［J］. 山西建筑，2008（11）：51-52.

17　卿鹏. 高层住宅建筑中的空中花园研究［D］. 成都：四川大学，2006.

18　窦争. 花园式高层住宅设计研究［D］. 杭州：浙江大学，2015.

网络资料：

1　http://huaban.com/pins/22490494/

2　http://bbs.topenergy.org/thread-43978-1-1.html

3　http://www.docin.com/p-562392817.html

4　http://www.docin.com/p-717518039.html

5　http://www.zj-hangmin.com/cpzs3glcl.html

6　http://sina.dichan.com/wf50a1967/casusview-297109.html

7　http://blog.sina.com.cn/s/blog_7df259f70100v2ln.html

8　https://wenku.baidu.com/view/1e8368d0d5bbfd0a7956735c.html

9　http://www.calid.cn/2016/01/5386

10　http://www.gg.aquasmart.cn/ty/8989.html

11　http://www.archreport.com.cn/show-6-2486-1.html

12　http://bbs.co188.com/thread-1645510-1-1.html

13　https://www.douban.com/note/512640478/

14　http://www.mt-bbs.com/thread-291576-1-1.html

15　http://archcy.com/classic_case/gjshy/gw_jz/533e7a342a194ef2

16　http://blog.sina.com.cn/s/blog_d0ff5ce30101b1xu.html

17　https://tieba.baidu.com/p/2657500174

18　https://sanwen.net/a/ratmvoo.html

19　http://huaban.com/pins/58864776/

20　http://mixinfo.id-china.com.cn/a-13633-1.html

21　The Interlace.http://blog.sina.com.cn/s/blog_e802955b0102vr56.html

22　http://mp.weixin.qq.com/s?_biz=MjM5NDc4NzIzMQ==&mid=2653039376&idx=1&sn=170aabae-8eae432faae0fa3757c1b83c&scene=2&srcid=05083nlzORLnfwaZ2GIsd0nm&from=timeline&is-appinstalled=0#wechat_redirect

23　http://www.forestcitycgpv.com/index.html

24　http://www.archcy.com/focus/daily_focus/lc/868b26bf633fffb1

图书在版编目（CIP）数据

空中庭院　花园住宅的设计及实践／姜传鉽著. —
北京：中国建筑工业出版社，2017.9
　ISBN 978-7-112-21148-7

　Ⅰ.①空…　Ⅱ.①姜…　Ⅲ.①住宅－建筑设计
Ⅳ.①TU241

　　中国版本图书馆CIP数据核字（2017）第208127号

责任编辑：吴　绫　李成成　李东禧　唐　旭
责任校对：李欣慰　王　瑞

空中庭院　花园住宅的设计及实践
姜传鉽　著
*
中国建筑工业出版社出版、发行（北京海淀三里河路9号）
各地新华书店、建筑书店经销
北京锋尚制版有限公司制版
北京君升印刷有限公司印刷
*
开本：787×1092毫米　1/16　印张：9　字数：191千字
2017年6月第一版　　2017年6月第一次印刷
定价：**38.00**元
ISBN 978-7-112-21148-7
（30783）